연산부터 문해력까지
풍산자 연산으로
초등 수학을 시작해요.

KB033639

연구진

이상욱 풍산자수학연구소 책임연구원
박승환 풍산자수학연구소 선임연구원
조영미 풍산자수학연구소 연구원

검토진

강민성(경북), 고정숙(서울), 고효기(경북), 김경구(경북), 김미란(경북), 김수진(서울), 김정화(경북),
남협희(경북), 민환기(경북), 박성호(경북), 박찬훈(경북), 방윤희(광주), 심평화(서울), 심소연(서울),
안승해(경북), 유경혜(경북), 이세령(서울), 조재흡(경북), 주진아(경북), 추형식(경북), 홍선유(광주)

풍산자 연산

초등 연산의 모든 것

초등 **수학** 1-2

구성과 특징

1일차   학습 주제별 연산 문제를 풍부하게 제공합니다.

주제별 알아야 하는 개념을 살펴봐요.　　　　　　　　　　　　많은 문제로 연산을 연습해요.

01일차   **1. 몇십 알아보기**   학습 날짜: 월 일   정답 2쪽

수 모형	|||||||	|||||||	|||||||	|||||||
쓰기	60	70	80	90
읽기	육십, 예순	칠십, 일흔	팔십, 여든	구십, 아흔

그림을 보고 □ 안에 알맞은 수를 써넣으세요.

1. 10개씩 묶음 6개 ➡ [ ]

2. 10개씩 묶음 7개 ➡ [ ]

3. 10개씩 묶음 8개 ➡ [ ]

4. 10개씩 묶음 9개 ➡ [ ]

수를 세어 □ 안에 알맞은 수를 써넣으세요.

5. [ ]

6. [ ]

7. [ ]

8. [ ]

□ 안에 알맞은 수를 써넣으세요.

9. 10개씩 묶음 7개 ➡ [ ]

10. 10개씩 묶음 8개 ➡ [ ]

11. 10개씩 묶음 9개 ➡ [ ]

12. 10개씩 묶음 [ ]개 ➡ 60

13. 10개씩 묶음 [ ]개 ➡ 80

14. 10개씩 묶음 [ ]개 ➡ 70

15. 60 ➡ 10개씩 묶음 [ ]개

16. 90 ➡ 10개씩 묶음 [ ]개

17. 80 ➡ 10개씩 묶음 [ ]개

18. [ ] ➡ 10개씩 묶음 7개

19. [ ] ➡ 10개씩 묶음 9개

20. [ ] ➡ 10개씩 묶음 6개

수를 두 가지 방법으로 읽어 보세요.

21. 90

22. 70

23. 60

24. 80

맞힌 개수		나의 학습 결과에 ○표 하세요.				QR 빠른 정답 확인
맞힌 개수	개 /24개	0~4개	5~12개	13~20개	21~24개	
학습 방법		다시 한번 풀어 봐요.	계산 연습이 필요해요.	틀린 문제를 확인해요.	실수하지 않도록 집중해요.	

8   풍산자 연산 1-2   1. 100까지의 수   9

학습 결과를 스스로 확인해요.   QR로 간편하게 정답을 확인해요.

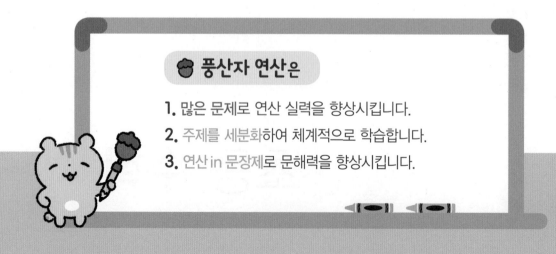

풍산자 연산은

1. 많은 문제로 연산 실력을 향상시킵니다.
2. 주제를 세분화하여 체계적으로 학습합니다.
3. 연산 in 문장제로 문해력을 향상시킵니다.

반복 연습으로 연산 실력을 키워요.

문장제로 문해력과 연산 실력을 함께 키워요.

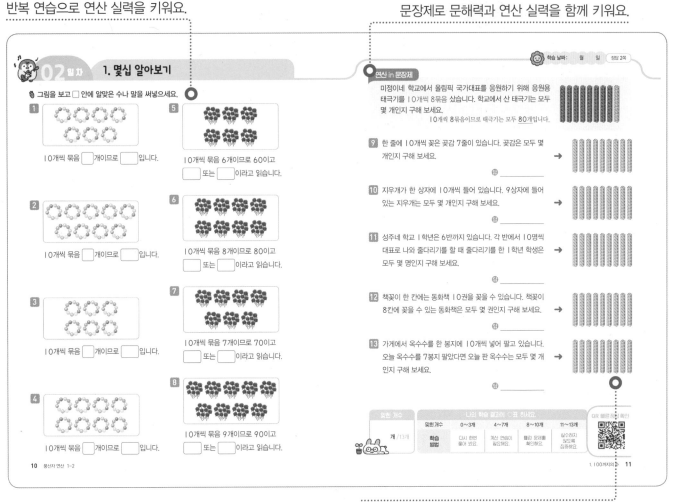

연산 도구로 문장제 속 연산을 정확하게 해결해요.

연산&문장제 마무리

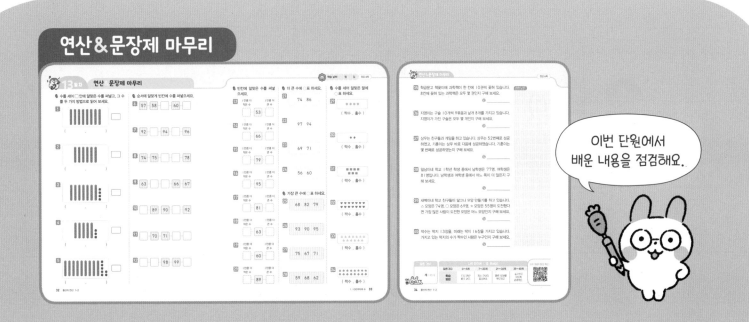

이번 단원에서 배운 내용을 점검해요.

차례

1

100까지의 수

1. 몇십 알아보기

수 모형				
쓰기	60	70	80	90
읽기	육십, 예순	칠십, 일흔	팔십, 여든	구십, 아흔

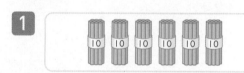 그림을 보고 ☐ 안에 알맞은 수를 써넣으세요.

1

10개씩 묶음 6개 ➡ ☐

2

10개씩 묶음 7개 ➡ ☐

3

10개씩 묶음 8개 ➡ ☐

4

10개씩 묶음 9개 ➡ ☐

🥕 수를 세어 ☐ 안에 알맞은 수를 써넣으세요.

5

☐

6

☐

7

☐

8

☐

🥕 ☐ 안에 알맞은 수를 써넣으세요.

🥕 수를 두 가지 방법으로 읽어 보세요.

9 10개씩 묶음 7개
➡ ☐

15 60
➡ 10개씩 묶음 ☐ 개

10 10개씩 묶음 8개
➡ ☐

16 90
➡ 10개씩 묶음 ☐ 개

11 10개씩 묶음 9개
➡ ☐

17 80
➡ 10개씩 묶음 ☐ 개

12 10개씩 묶음 ☐ 개
➡ 60

18 ☐
➡ 10개씩 묶음 7개

13 10개씩 묶음 ☐ 개
➡ 80

19 ☐
➡ 10개씩 묶음 9개

14 10개씩 묶음 ☐ 개
➡ 70

20 ☐
➡ 10개씩 묶음 6개

21
90	

22
70	

23
60	

24
80	

맞힌 개수	나의 학습 결과에 ○표 하세요.					QR 빠른정답 확인
	맞힌 개수	0~4개	5~12개	13~20개	21~24개	
개 /24개	학습 방법	다시 한번 풀어 봐요.	계산 연습이 필요해요.	틀린 문제를 확인해요.	실수하지 않도록 집중해요.	

1. 몇십 알아보기

🥕 그림을 보고 ☐ 안에 알맞은 수나 말을 써넣으세요.

1

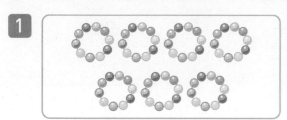

10개씩 묶음 ☐개이므로 ☐입니다.

2

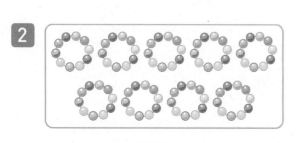

10개씩 묶음 ☐개이므로 ☐입니다.

3

10개씩 묶음 ☐개이므로 ☐입니다.

4

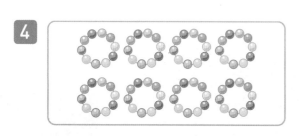

10개씩 묶음 ☐개이므로 ☐입니다.

5

10개씩 묶음 6개이므로 60이고
☐ 또는 ☐이라고 읽습니다.

6

10개씩 묶음 8개이므로 80이고
☐ 또는 ☐이라고 읽습니다.

7

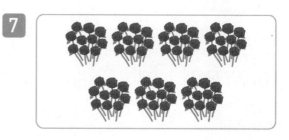

10개씩 묶음 7개이므로 70이고
☐ 또는 ☐이라고 읽습니다.

8

10개씩 묶음 9개이므로 90이고
☐ 또는 ☐이라고 읽습니다.

연산 in 문장제

미정이네 학교에서 올림픽 국가대표를 응원하기 위해 응원용
태극기를 10개씩 8묶음 샀습니다. 학교에서 산 태극기는 모두
몇 개인지 구해 보세요.
　　　　　　10개씩 8묶음이므로 태극기는 모두 <u>80</u>개입니다.

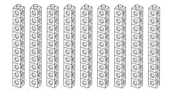

9 한 줄에 10개씩 꽂은 곶감 7줄이 있습니다. 곶감은 모두 몇
개인지 구해 보세요.
　　→　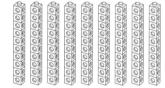

답 _____

10 지우개가 한 상자에 10개씩 들어 있습니다. 9상자에 들어
있는 지우개는 모두 몇 개인지 구해 보세요.
　　→　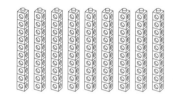

답 _____

11 성주네 학교 1학년은 6반까지 있습니다. 각 반에서 10명씩
대표로 나와 줄다리기를 할 때 줄다리기를 한 1학년 학생은
모두 몇 명인지 구해 보세요.
　　→　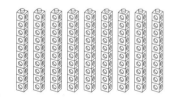

답 _____

12 책꽂이 한 칸에는 동화책 10권을 꽂을 수 있습니다. 책꽂이
8칸에 꽂을 수 있는 동화책은 모두 몇 권인지 구해 보세요.
　　→　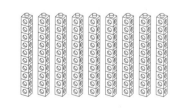

답 _____

13 가게에서 옥수수를 한 봉지에 10개씩 넣어 팔고 있습니다.
오늘 옥수수를 7봉지 팔았다면 오늘 판 옥수수는 모두 몇 개
인지 구해 보세요.
　　→

답 _____

맞힌 개수	나의 학습 결과에 ○표 하세요.			
	맞힌 개수	0~3개	4~7개	8~10개	11~13개
개 /13개	학습 방법	다시 한번 풀어 봐요.	계산 연습이 필요해요.	틀린 문제를 확인해요.	실수하지 않도록 집중해요.

QR 빠른정답 확인

2. 99까지의 수 알아보기

수 모형	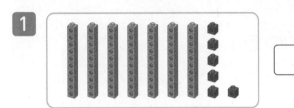		
쓰기	75	83	67
읽기	칠십오, 일흔다섯	팔십삼, 여든셋	육십칠, 예순일곱

🥕 수를 세어 □ 안에 알맞은 수를 써넣으세요.

1 ☐

2 ☐

3 ☐

4 ☐

5 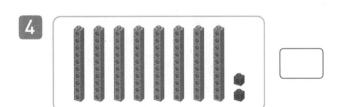 ☐

🥕 빈칸에 알맞은 수를 써넣으세요.

6
수	10개씩 묶음	낱개
73		3

7
수	10개씩 묶음	낱개
91	9	

8
수	10개씩 묶음	낱개
67		

9
수	10개씩 묶음	낱개
53		

10
수	10개씩 묶음	낱개
84		

수를 세어 두 가지 방법으로 읽어 보세요.

11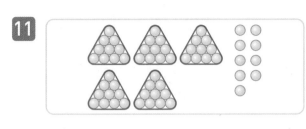

(,   )

12

(,   )

13

(,   )

14

(,   )

15

(,   )

수를 두 가지 방법으로 읽어 보세요.

16 65 → ☐ , ☐

17 94 → ☐ , ☐

18 79 → ☐ , ☐

19 56 → ☐ , ☐

20 81 → ☐ , ☐

21 63 → ☐ , ☐

22 52 → ☐ , ☐

맞힌 개수	나의 학습 결과에 ○표 하세요.				QR 빠른정답 확인
	맞힌 개수	0~4개	5~12개	13~19개	20~22개	
개 /22개	학습 방법	다시 한번 풀어 봐요.	계산 연습이 필요해요.	틀린 문제를 확인해요.	실수하지 않도록 집중해요.	

🥕 빈칸에 알맞은 수를 써넣으세요.

🥕 수를 두 가지 방법으로 읽어 보세요.

1

10개씩 묶음	낱개	수
5	8	

8 97 → ☐ , ☐

2

10개씩 묶음	낱개	수
9	6	

9 89 → ☐ , ☐

3

10개씩 묶음	낱개	수
8	2	

10 53 → ☐ , ☐

4

10개씩 묶음	낱개	수
7	7	

11 68 → ☐ , ☐

5

10개씩 묶음	낱개	수
6	4	

12 75 → ☐ , ☐

6

10개씩 묶음	낱개	수
5	9	

13 84 → ☐ , ☐

7

10개씩 묶음	낱개	수
8	3	

14 66 → ☐ , ☐

연산 in 문장제

파프리카를 한 봉지에 10개씩 5봉지에 담고, 낱개 7개가 남았습니다. 파프리카는 모두 몇 개인지 구해 보세요.

10개씩 묶음	낱개	수
5	7	57

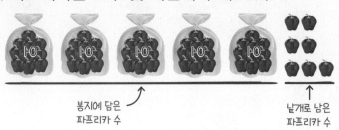

봉지에 담은 파프리카 수

낱개로 남은 파프리카 수

파프리카는 모두 **57**개입니다.

---

15 색종이가 10장씩 6묶음과 낱개 3장이 있습니다. 색종이는 모두 몇 장인지 구해 보세요.

답 _____

→

10개씩 묶음	낱개	수

---

16 꽃 가게에 장미가 10송이씩 9묶음과 낱개 5송이가 있습니다. 꽃 가게에 있는 장미는 모두 몇 송이인지 구해 보세요.

답 _____

→

10개씩 묶음	낱개	수

---

17 용수네 가게에서 만든 주먹밥을 한 도시락에 10개씩 넣어 7도시락을 만들고 6개가 남았습니다. 만든 주먹밥은 모두 몇 개인지 구해 보세요.

답 _____

→

10개씩 묶음	낱개	수

---

18 양계장에서 오늘 낳은 달걀을 한 묶음에 10개씩 넣어 8묶음으로 포장하고 7개가 남았습니다. 오늘 낳은 달걀은 모두 몇 개인지 구해 보세요.

 양계장은 여러 가지 필요한 것을 갖추어 두고 닭을 먹여 기르는 곳이야.

답 _____

→

10개씩 묶음	낱개	수

맞힌 개수	나의 학습 결과에 ○표 하세요.					QR 빠른정답 확인
	맞힌 개수	0~4개	5~10개	11~15개	16~18개	
개 /18개	학습 방법	다시 한번 풀어 봐요.	계산 연습이 필요해요.	틀린 문제를 확인해요.	실수하지 않도록 집중해요.	

51	52	53	54	55	56	57	58	59	60
61	62	63	64	65	66	67	68	69	70
71	72	73	74	75	76	77	78	79	80
81	82	83	84	85	86	87	88	89	90
91	92	93	94	95	96	97	98	99	100

🐿 순서에 알맞게 빈칸에 수를 써넣으세요.

1 71 — 72 — 73 — ☐ — 75
   ☐ — 77 — 78 — 79

2 57 — 58 — ☐ — 60 — 61
   62 — ☐ — 64 — 65

3 83 — 84 — ☐ — 86 — 87
   ☐ — 89 — ☐ — 91

4 92 — ☐ — 94 — ☐ — 96
   ☐ — 98 — 99 — 100

5 66 — ☐ — 68 — 69 — 70
   71 — ☐ — ☐ — 74

6 82 — 83 — ☐ — 85 — 86

7 68 — ☐ — 70 — ☐ — 72

8 96 — 97 — ☐ — 99 — ☐

9 51 — ☐ — ☐ — 54 — 55

10 ☐ — 65 — 66 — ☐ — 68

11 79 — 80 — ☐ — ☐ — ☐

12 ☐ — 87 — 88 — ☐ — ☐

😊 빈칸에 알맞은 수를 써넣으세요.

13 | 1만큼 더 작은 수 | 1만큼 더 큰 수
[　　] — 56 — [　　]

14 | 1만큼 더 작은 수 | 1만큼 더 큰 수
[　　] — 84 — [　　]

15 | 1만큼 더 작은 수 | 1만큼 더 큰 수
[　　] — 97 — [　　]

16 | 1만큼 더 작은 수 | 1만큼 더 큰 수
[　　] — 89 — [　　]

17 | 1만큼 더 작은 수 | 1만큼 더 큰 수
[　　] — 70 — [　　]

18 | 1만큼 더 작은 수 | 1만큼 더 큰 수
[　　] — 81 — [　　]

19 | 1만큼 더 작은 수 | 1만큼 더 큰 수
[　　] — 75 — [　　]

20 | 1만큼 더 작은 수 | 1만큼 더 큰 수
[　　] — 99 — [　　]

21 | 1만큼 더 작은 수 | 1만큼 더 큰 수
[　　] — 71 — [　　]

22 | 1만큼 더 작은 수 | 1만큼 더 큰 수
[　　] — 80 — [　　]

23 | 1만큼 더 작은 수 | 1만큼 더 큰 수
[　　] — 63 — [　　]

24 | 1만큼 더 작은 수 | 1만큼 더 큰 수
[　　] — 59 — [　　]

25 | 1만큼 더 작은 수 | 1만큼 더 큰 수
[　　] — 73 — [　　]

26 | 1만큼 더 작은 수 | 1만큼 더 큰 수
[　　] — 95 — [　　]

맞힌 개수	나의 학습 결과에 ○표 하세요.				QR 빠른정답 확인
	맞힌 개수	0~5개	6~13개	14~21개	22~26개
개 / 26개	학습 방법	다시 한번 풀어 봐요.	계산 연습이 필요해요.	틀린 문제를 확인해요.	실수하지 않도록 집중해요.

🥕 순서에 알맞게 빈칸에 수를 써넣으세요.

1　95　92　94　93

☐─☐─☐─☐

2　78　75　77　76

☐─☐─☐─☐

3　59　61　62　60

☐─☐─☐─☐

4　80　78　81　79

☐─☐─☐─☐

5　69　70　68　67

☐─☐─☐─☐

6　63　65　62　64

☐─☐─☐─☐

7　88　87　90　89

☐─☐─☐─☐

🥕 순서를 거꾸로 하여 빈칸에 수를 써넣으세요.

8　79　76　77　78

☐─☐─☐─☐

9　92　89　90　91

☐─☐─☐─☐

10　84　87　85　86

☐─☐─☐─☐

11　61　63　60　62

☐─☐─☐─☐

12　70　71　69　68

☐─☐─☐─☐

13　56　55　53　54

☐─☐─☐─☐

14　98　100　99　97

☐─☐─☐─☐

연산 in 문장제

준하네 학년에서 오래달리기를 하여 홍철, 재석, 준하, 명수가 순서대로 들어왔습니다. 홍철이가 68등, 재석이가 69등, 명수가 71등일 때, 준하는 몇 등인지 구해 보세요.

68	69	70	71
홍철이의 등수	재석이의 등수	준하의 등수	명수의 등수

순서대로 수를 쓰면 준하의 등수를 알 수 있어요!

준하는 <u>70</u>등입니다.

---

15 학교 체육관에서 음악회가 열렸습니다. 재영이가 85번째로 입장하였다면 재영이 바로 다음에 입장한 사람은 몇 번째로 입장하였는지 구해 보세요.

답 _____

16 찬민이가 90이 쓰여 있는 수 카드를 가지고 있습니다. 찬형이가 가진 수 카드의 수는 찬민이 수 카드의 수보다 1 큽니다. 찬형이가 가진 수 카드의 수를 구해 보세요.

답 _____

17 놀이동산에서 77번째 입장객에게 선물을 주려고 합니다. 세윤, 정훈, 선호가 차례대로 입장하였고 선호는 79번째 입장객이었습니다. 선물을 받은 사람은 누구인지 구해 보세요.

답 _____

18 경희네 반 단체 줄넘기 기록은 60회이고, 지혜네 반 기록은 경희네 반 기록보다 1만큼 더 적습니다. 지혜네 반 단체 줄넘기 기록은 몇 회인지 구해 보세요.

답 _____

맞힌 개수	나의 학습 결과에 ○표 하세요.			
	맞힌 개수	0~5개	6~10개	11~15개	16~18개
개 /18개	학습 방법	다시 한번 풀어 봐요.	계산 연습이 필요해요.	틀린 문제를 확인해요.	실수하지 않도록 집중해요.

QR 빠른정답 확인

4. 두 수의 크기 비교

두 수의 크기를 비교할 때는
① 10개씩 묶음의 수를 먼저 비교합니다.

| 62 | 57 | — 62는 57보다 큽니다.
57은 62보다 작습니다.

② 10개씩 묶음의 수가 같으면 낱개의 수를 비교합니다.

| 52 | 55 | — 52는 55보다 작습니다.
55는 52보다 큽니다.

10개씩 묶음의 수의 크기를 먼저 비교해 보세요.

□ 안에 알맞은 수를 써넣으세요.

1

□ 은/는 □ 보다 큽니다.

2

□ 은/는 □ 보다 큽니다.

3
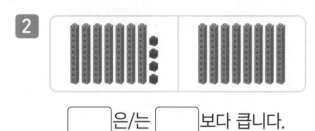

□ 은/는 □ 보다 큽니다.

4
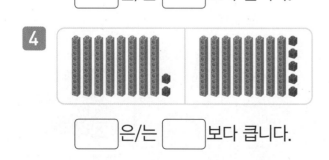

□ 은/는 □ 보다 큽니다.

5

□ 은/는 □ 보다 작습니다.

6
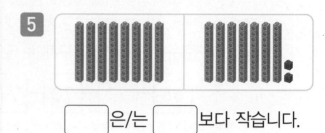

□ 은/는 □ 보다 작습니다.

7
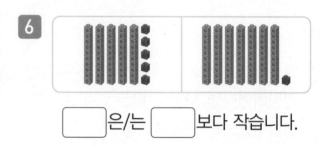

□ 은/는 □ 보다 작습니다.

8
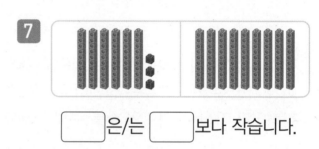

□ 은/는 □ 보다 작습니다.

9
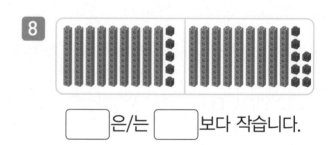

□ 은/는 □ 보다 작습니다.

10
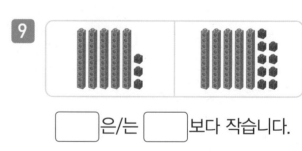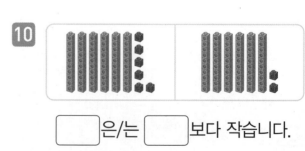

□ 은/는 □ 보다 작습니다.

🐿 더 큰 수에 ○표 하세요.

11
99 96

12
66 69

13
80 77

14
58 71

15
64 82

16
74 73

17
88 90

18
67 73

19
59 57

20
61 84

21
75 76

🥕 더 작은 수에 △표 하세요.

22
50 55

23
68 71

24
76 55

25
52 75

26
62 66

27
49 52

28
73 71

29
83 92

30
77 70

31
63 69

🥕 알맞은 말에 ○표 하세요.

1 53은 71보다 (큽니다 , 작습니다).

2 88은 82보다 (큽니다 , 작습니다).

3 64는 68보다 (큽니다 , 작습니다).

4 53은 75보다 (큽니다 , 작습니다).

5 60은 56보다 (큽니다 , 작습니다).

6 89는 85보다 (큽니다 , 작습니다).

7 94는 95보다 (큽니다 , 작습니다).

8 66은 71보다 (큽니다 , 작습니다).

9 63은 59보다 (큽니다 , 작습니다).

10 70은 73보다 (큽니다 , 작습니다).

11 88은 51보다 (큽니다 , 작습니다).

12 69는 67보다 (큽니다 , 작습니다).

13 74는 59보다 (큽니다 , 작습니다).

14 52는 84보다 (큽니다 , 작습니다).

15 68은 73보다 (큽니다 , 작습니다).

16 92는 90보다 (큽니다 , 작습니다).

연산 in 문장제

종이학을 접는데 정호는 색종이 71장, 채린이는 색종이 53장을 사용했습니다. 색종이를 더 많이 사용한 사람은 누구인지 구해 보세요.

	10개씩 묶음	낱개
정호가 사용한 색종이 수 →	7	1
	5	3

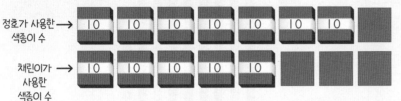

정호가 사용한 색종이 수 →
채린이가 사용한 색종이 수
채린이가 사용한 색종이 수 →

색종이를 더 많이 사용한 사람은 <u>정호</u>입니다.

17 대희네 학교 1학년 학생은 93명이고, 2학년 학생은 88명입니다. 학생 수가 더 많은 학년은 어느 학년인지 구해 보세요.

답 _____

→
10개씩 묶음	낱개

18 장훈이네 할아버지는 75세이고, 할머니는 77세입니다. 연세가 더 많은 사람은 누구인지 구해 보세요.

답 _____

→
10개씩 묶음	낱개

19 햇빛 아파트 가동은 모두 54세대, 나동은 65세대가 살고 있습니다. 더 많은 세대가 살고 있는 동은 어느 동인지 구해 보세요.

답 _____

→
10개씩 묶음	낱개

20 농장에서 딸기를 포장하여 팔고 있습니다. 어제는 67상자를, 오늘은 64상자를 팔았습니다. 더 많은 상자를 판 날은 언제인지 구해 보세요.

답 _____

→
10개씩 묶음	낱개

맞힌 개수	나의 학습 결과에 ○표 하세요.				QR 빠른정답 확인
개 /20개	맞힌 개수	0~5개	6~10개	11~16개	17~20개	
	학습 방법	다시 한번 풀어 봐요.	계산 연습이 필요해요.	틀린 문제를 확인해요.	실수하지 않도록 집중해요.	

5. 세 수의 크기 비교

세 수의 크기를 비교할 때는 두 수씩 묶어서 비교하거나 세 수를 동시에 비교합니다.

65 67 81 — 가장 큰 수는 81입니다.
            가장 작은 수는 65입니다.

10개씩 묶음의 수가 같으면 낱개의 수를 비교해 보세요.

🥕 가장 큰 수에 ○표 하세요.

1
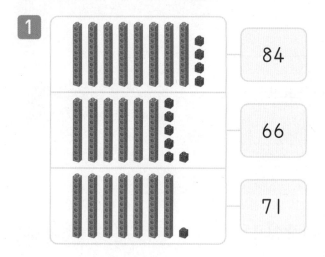

84

66

71

2

75

79

51

🥕 가장 작은 수에 △표 하세요.

3
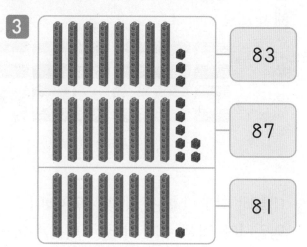

83

87

81

4

59

64

77

5
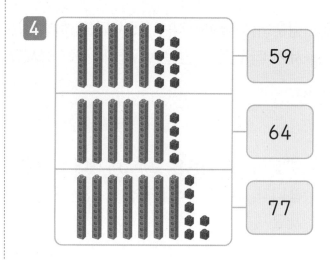

70

62

66

가장 큰 수에 ○표 하세요.

6
53 90 62

7
85 57 68

8
70 52 66

9
81 71 86

10
92 98 72

11
89 81 84

12
57 50 59

13
60 68 82

14
91 89 83

15
72 79 63

16
65 71 77

가장 작은 수에 △표 하세요.

17
79 64 87

18
93 86 77

19
58 64 80

20
62 68 63

21
55 59 54

22
93 91 98

23
55 83 84

24
77 66 67

25
51 59 96

26
67 69 52

맞힌 개수

개 /26개

나의 학습 결과에 ○표 하세요.

맞힌 개수	0~4개	5~13개	14~22개	23~26개
학습 방법	다시 한번 풀어 봐요.	계산 연습이 필요해요.	틀린 문제를 확인해요.	실수하지 않도록 집중해요.

QR 빠른정답 확인

1. 100까지의 수 **25**

10일차　　5. 세 수의 크기 비교

🥕 ☐ 안에 알맞은 수를 써넣으세요.

1 96　70　60
→ 가장 큰 수: ☐
　가장 작은 수: ☐

2 94　68　97
→ 가장 큰 수: ☐
　가장 작은 수: ☐

3 63　71　88
→ 가장 큰 수: ☐
　가장 작은 수: ☐

4 73　94　84
→ 가장 큰 수: ☐
　가장 작은 수: ☐

5 81　88　83
→ 가장 큰 수: ☐
　가장 작은 수: ☐

6 75　72　66
→ 가장 큰 수: ☐
　가장 작은 수: ☐

7 81　55　52
→ 가장 큰 수: ☐
　가장 작은 수: ☐

8 51　87　68
→ 가장 큰 수: ☐
　가장 작은 수: ☐

9 90　56　64
→ 가장 큰 수: ☐
　가장 작은 수: ☐

10 82　64　85
→ 가장 큰 수: ☐
　가장 작은 수: ☐

11 51　77　57
→ 가장 큰 수: ☐
　가장 작은 수: ☐

12 61　66　67
→ 가장 큰 수: ☐
　가장 작은 수: ☐

13 82　73　77
→ 가장 큰 수: ☐
　가장 작은 수: ☐

14 79　70　68
→ 가장 큰 수: ☐
　가장 작은 수: ☐

15 60　59　57
→ 가장 큰 수: ☐
　가장 작은 수: ☐

연산 in 문장제

정후, 백호, 의리가 야구부에 가입하였습니다. 등번호가 정후는 51, 백호는 50, 의리는 48이었습니다. 누구의 등번호가 가장 큰지 구해 보세요.
51, 50, 48 중에서 51이 가장 크므로 <u>정후</u>의 등번호가 가장 큽니다.

51	>	50
50	>	48
48	<	51

16 고구마를 선빈이는 68개, 태진이는 75개, 형우는 53개 캤습니다. 고구마를 가장 많이 캔 사람은 누구인지 구해 보세요.

답 _____

17 서점에 국어 문제집이 81권, 과학 문제집이 72권, 수학 문제집이 90권 있습니다. 문제집이 가장 많은 과목은 어느 과목인지 구해 보세요.

답 _____

18 채소 가게에 오이가 66개, 당근이 48개, 감자가 62개 있습니다. 가장 많은 채소는 무엇인지 구해 보세요.

답 _____

19 믿음 합창단은 39명, 행복 합창단은 52명, 미래 합창단은 55명입니다. 사람 수가 가장 적은 합창단은 어느 합창단인지 구해 보세요.

답 _____

20 바닷가에서 조개를 민정이는 78개, 정원이는 85개, 소진이는 56개 캤습니다. 조개를 가장 적게 캔 사람은 누구인지 구해 보세요.

답 _____

맞힌 개수	나의 학습 결과에 ○표 하세요.					QR 빠른정답 확인
	맞힌 개수	0~5개	6~10개	11~17개	18~20개	
개 /20개	학습 방법	다시 한번 풀어 봐요.	계산 연습이 필요해요.	틀린 문제를 확인해요.	실수하지 않도록 집중해요.	

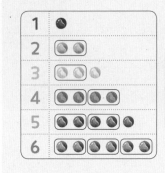

2, 4, 6과 같이 둘씩 짝을 지을 수 있는 수를 짝수, 1, 3, 5와 같이 둘씩 짝을 지을 수 없는 수를 홀수라고 해요.

🥕 수를 세어 ☐ 안에 써넣고 알맞은 말에 ○표 하세요.

1

☐ (짝수 , 홀수)

2

☐ (짝수 , 홀수)

3

☐ (짝수 , 홀수)

4

☐ (짝수 , 홀수)

5

☐ (짝수 , 홀수)

6

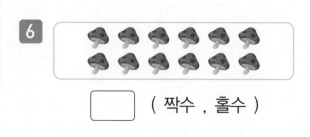

☐ (짝수 , 홀수)

7

☐ (짝수 , 홀수)

8

☐ (짝수 , 홀수)

9

☐ (짝수 , 홀수)

10

☐ (짝수 , 홀수)

🐹 짝수에 ○표 하세요.

11
| 4 | 7 |

12
| 13 | 20 |

13
| 32 | 27 |

14
| 15 | 16 |

15
| 39 | 42 |

16
| 24 | 27 |

17
| 11 | 30 |

18
| 21 | 46 |

19
| 38 | 47 |

20
| 63 | 54 |

21
| 77 | 70 |

🥕 홀수에 △표 하세요.

22
| 5 | 2 |

23
| 11 | 16 |

24
| 76 | 25 |

25
| 17 | 20 |

26
| 23 | 32 |

27
| 19 | 44 |

28
| 58 | 41 |

29
| 63 | 92 |

30
| 84 | 75 |

31
| 33 | 60 |

맞힌 개수	나의 학습 결과에 ○표 하세요.			
	맞힌 개수	0~7개	8~16개	17~27개	28~31개
개 /31개	학습 방법	다시 한번 풀어 봐요.	계산 연습이 필요해요.	틀린 문제를 확인해요.	실수하지 않도록 집중해요.

12일차

6. 짝수와 홀수 알아보기

🥕 짝수를 모두 찾아 쓰세요.

1
| 8 15 31 52 |

( )

2
| 30 17 6 43 |

( )

3
| 11 33 44 88 |

( )

4
| 12 40 79 51 |

( )

5
| 27 18 61 94 |

( )

6
| 4 25 16 47 |

( )

7
| 29 32 41 42 54 |

( )

8
| 19 74 60 35 86 |

( )

🥕 홀수를 모두 찾아 쓰세요.

9
| 6 25 43 34 |

( )

10
| 20 47 12 95 |

( )

11
| 33 77 66 22 |

( )

12
| 34 68 19 45 |

( )

13
| 37 42 31 76 |

( )

14
| 20 5 48 39 |

( )

15
| 39 14 51 28 63 |

( )

16
| 13 62 40 97 35 |

( )

연산 in 문장제

강인이가 주문한 호두파이의 개수를 세어 보니 9개였습니다. 호두파이의 수는 짝수인지 홀수인지 구해 보세요.

9는 둘씩 짝을 지을 수 없으므로 <u>홀수</u>입니다.

17 민서가 과자 한 봉지를 뜯어 보니 과자가 16개 들어 있었습니다. 과자의 수는 짝수인지 홀수인지 구해 보세요.

답 _____ →

18 현서 아버지께서 붕어빵 11개를 사 오셨습니다. 붕어빵의 수는 짝수인지 홀수인지 구해 보세요.

답 _____ →

19 주경이는 제기를 6번, 신애는 5번 찼습니다. 제기를 찬 횟수가 짝수인 사람은 누구인지 구해 보세요.

답 _____ →

20 딱지치기를 하고 딱지의 수를 세어 보니 병현이는 10장, 인성이는 7장이었습니다. 가지고 있는 딱지의 수가 홀수인 사람은 누구인지 구해 보세요.

답 _____ →

맞힌 개수	나의 학습 결과에 ○표 하세요.				QR 빠른정답 확인
	맞힌 개수	0~5개	6~11개	12~17개	18~20개	
개 /20개	학습 방법	다시 한번 풀어 봐요.	계산 연습이 필요해요.	틀린 문제를 확인해요.	실수하지 않도록 집중해요.	

연산 & 문장제 마무리

🥕 수를 세어 ☐ 안에 알맞은 수를 써넣고, 그 수를 두 가지 방법으로 읽어 보세요.

1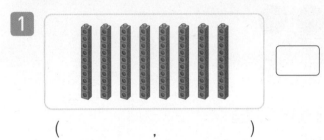

(,   )

2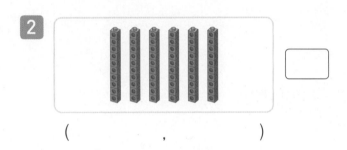

(,   )

3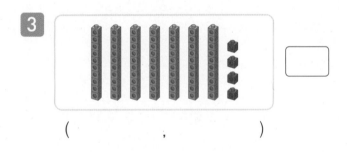

(,   )

4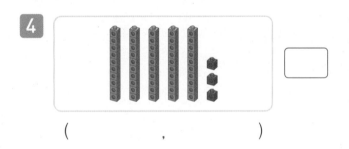

(,   )

5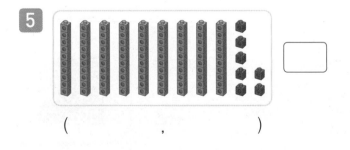

(,   )

🥕 순서에 알맞게 빈칸에 수를 써넣으세요.

6 | 57 | 58 | ☐ | 60 | ☐ |

7 | 92 | ☐ | 94 | ☐ | 96 |

8 | 74 | 75 | ☐ | ☐ | 78 |

9 | 63 | ☐ | ☐ | 66 | 67 |

10 | ☐ | 89 | 90 | ☐ | 92 |

11 | ☐ | 70 | 71 | ☐ | ☐ |

12 | ☐ | ☐ | 98 | 99 | ☐ |

🥕 빈칸에 알맞은 수를 써넣으세요.

13 | 1만큼 더 작은 수 | | 1만큼 더 큰 수
[　] [53] [　]

14 | 1만큼 더 작은 수 | | 1만큼 더 큰 수
[　] [66] [　]

15 | 1만큼 더 작은 수 | | 1만큼 더 큰 수
[　] [79] [　]

16 | 1만큼 더 작은 수 | | 1만큼 더 큰 수
[　] [95] [　]

17 | 1만큼 더 작은 수 | | 1만큼 더 큰 수
[　] [81] [　]

18 | 1만큼 더 작은 수 | | 1만큼 더 큰 수
[　] [63] [　]

19 | 1만큼 더 작은 수 | | 1만큼 더 큰 수
[　] [60] [　]

20 | 1만큼 더 작은 수 | | 1만큼 더 큰 수
[　] [89] [　]

🥕 더 큰 수에 ○표 하세요.

21 74　86

22 97　94

23 69　71

24 56　60

🥕 가장 큰 수에 ○표 하세요.

25 68　82　79

26 93　90　95

27 75　67　71

28 59　68　62

🥕 수를 세어 알맞은 말에 ○표 하세요.

29

(짝수 , 홀수)

30

(짝수 , 홀수)

31

(짝수 , 홀수)

32

(짝수 , 홀수)

33

(짝수 , 홀수)

34

(짝수 , 홀수)

정답 6쪽

35 학급문고 책꽂이에 과학책이 한 칸에 10권씩 꽂혀 있습니다. 8칸에 꽂혀 있는 과학책은 모두 몇 권인지 구해 보세요.

답 _____

36 지영이는 구슬 10개씩 9묶음과 낱개 8개를 가지고 있습니다. 지영이가 가진 구슬은 모두 몇 개인지 구해 보세요.

답 _____

37 상우는 친구들과 게임을 하고 있습니다. 상우는 52번째로 성공하였고, 기훈이는 상우 바로 다음에 성공하였습니다. 기훈이는 몇 번째로 성공하였는지 구해 보세요.

답 _____

38 일남이네 학교 1학년 학생 중에서 남학생은 77명, 여학생은 81명입니다. 남학생과 여학생 중에서 어느 쪽이 더 많은지 구해 보세요.

답 _____

39 새벽이네 학교 친구들이 달고나 모양 만들기를 하고 있습니다. △ 모양은 74명, ○ 모양은 69명, ☆ 모양은 55명이 도전했다면 가장 많은 사람이 도전한 모양은 어느 모양인지 구해 보세요.

답 _____

40 덕수는 딱지 13장을, 미래는 딱지 16장을 가지고 있습니다. 가지고 있는 딱지의 수가 짝수인 사람은 누구인지 구해 보세요.

답 _____

연산 노트

맞힌 개수	나의 점수에 ○표 하세요.			
	맞힌 개수	0~6개	7~20개	21~34개	35~40개
개 /40개	학습 방법	다시 한번 풀어 봐요.	계산 연습이 필요해요.	틀린 문제를 확인해요.	실수하지 않도록 집중해요.

QR 빠른정답 확인

2
덧셈 (1)

01 일차

```
    2  1
+      5
    2  6
```

낱개의 수끼리 더하고
10개씩 묶음의 수는
그대로 내려 써요.

🥕 덧셈을 해 보세요.

1
```
    3  1
+      5
```

2
```
    5  4
+      3
```

3
```
    2  7
+      2
```

4
```
    7  0
+      4
```

5
```
    9  2
+      6
```

6
```
    4  2
+      2
```

7
```
    7  7
+      1
```

8
```
    2  3
+      5
```

9
```
    1  6
+      3
```

10
```
    8  4
+      4
```

11
```
    6  3
+      2
```

12
```
    3  3
+      3
```

13
```
    9  7
+      2
```

14
```
    5  2
+      4
```

15
```
    2  1
+      2
```

16
```
    4  5
+      3
```

17
```
    6  0
+      8
```

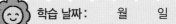

18
```
    1 2
  +   6
  ─────
```

19
```
    2 2
  +   5
  ─────
```

20
```
    4 0
  +   2
  ─────
```

21
```
    7 3
  +   2
  ─────
```

22
```
    3 3
  +   1
  ─────
```

23
```
    9 4
  +   2
  ─────
```

24 42+7

25 15+2

26 31+6

27 26+3

28 30+5

29 54+5

30 84+2

31 75+2

32 92+1

33 40+9

34 64+2

35 22+3

36 81+4

37 68+1

맞힌 개수	나의 학습 결과에 ○표 하세요.				QR 빠른정답 확인
	맞힌 개수	0~5개	6~19개	20~33개	34~37개	
개 /37개	학습 방법	다시 한번 풀어 봐요.	계산 연습이 필요해요.	틀린 문제를 확인해요.	실수하지 않도록 집중해요.	

2. 덧셈 (1) **37**

1. 받아올림이 없는 (몇십몇)+(몇)

🥕 덧셈을 해 보세요.

1
```
    2 2
 +    1
```

2
```
    5 2
 +    7
```

3
```
    9 3
 +    3
```

4
```
    4 0
 +    5
```

5
```
    1 6
 +    2
```

6
```
    7 2
 +    3
```

7
```
    6 1
 +    2
```

8
```
    1 2
 +    4
```

9
```
    5 4
 +    2
```

10
```
    3 5
 +    3
```

11
```
    6 6
 +    2
```

12
```
    9 1
 +    7
```

13
```
    4 2
 +    5
```

14
```
    5 0
 +    2
```

15 12+2

16 53+3

17 91+3

18 43+6

19 24+3

20 72+4

21 60+5

22 37+1

연산 in 문장제

수철이는 지난 달에 동화책 24권과 역사책 4권을 읽었습니다. 수철이가 지난 달에 읽은 동화책과 역사책은 모두 몇 권인지 구해 보세요.

$$\underset{\text{지난 달에 읽은}\atop\text{동화책 수}}{24} + \underset{\text{지난 달에 읽은}\atop\text{역사책 수}}{4} = \underset{\text{지난 달에 읽은}\atop\text{동화책과 역사책 수}}{28}\text{(권)}$$

```
    2  4
+      4
    2  8
```

23 지희의 이모는 34살이고, 외삼촌은 이모보다 5살이 더 많습니다. 지희의 외삼촌은 몇 살인지 구해 보세요.

답 _____

24 화단에 코스모스가 21송이, 해바라기가 5송이 피어 있습니다. 화단에 피어 있는 코스모스와 해바라기는 모두 몇 송이인지 구해 보세요.

답 _____

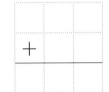

25 아파트 주차장에 승용차 61대와 트럭 3대가 주차되어 있습니다. 주차장에 주차되어 있는 승용차와 트럭은 모두 몇 대인지 구해 보세요.

답 _____

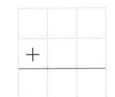

26 수저통에 숟가락 13개와 포크 2개가 꽂혀 있습니다. 수저통에 꽂혀 있는 숟가락과 포크는 모두 몇 개인지 구해 보세요.

답 _____

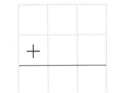

27 민정이는 빨간색 종이학 50개와 파란색 종이학 9개를 접었습니다. 민정이가 접은 종이학은 모두 몇 개인지 구해 보세요.

답 _____

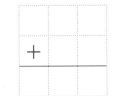

맞힌 개수	나의 학습 결과에 ○표 하세요.				QR 빠른정답 확인
개 /27개	맞힌 개수	0~5개	6~14개	15~23개	24~27개
	학습 방법	다시 한번 풀어 봐요.	계산 연습이 필요해요.	틀린 문제를 확인해요.	실수하지 않도록 집중해요.

2. 받아올림이 없는 (몇)+(몇십몇)

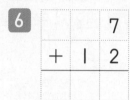

```
      6
+  3  2
   3  8
```

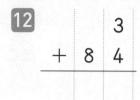

> 낱개의 수끼리 더하고
> 10개씩 묶음의 수는
> 그대로 내려 써요.

🥕 덧셈을 해 보세요.

1
```
      3
+  3  3
```

2
```
      2
+  8  7
```

3
```
      1
+  4  3
```

4
```
      2
+  5  0
```

5
```
      5
+  7  2
```

6
```
      7
+  1  2
```

7
```
      4
+  2  4
```

8
```
      5
+  9  2
```

9
```
      2
+  6  6
```

10
```
      6
+  3  3
```

11
```
      8
+  4  1
```

12
```
      3
+  8  4
```

13
```
      2
+  5  2
```

14
```
      3
+  2  6
```

15
```
      1
+  4  5
```

16
```
      2
+  6  0
```

17
```
      2
+  9  3
```

18
```
    4
+ 1 4
```

19
```
    5
+ 2 4
```

20
```
    1
+ 7 1
```

21
```
    7
+ 6 1
```

22
```
    3
+ 5 1
```

23
```
    2
+ 9 2
```

24 2+73

25 5+22

26 3+46

27 6+60

28 7+51

29 4+21

30 1+33

31 5+82

32 2+91

33 7+10

34 3+23

35 4+33

36 6+43

37 2+51

맞힌 개수

개 /37개

나의 학습 결과에 ○표 하세요.			
맞힌 개수	0~5개	6~19개	20~33개	34~37개
학습 방법	다시 한번 풀어 봐요.	계산 연습이 필요해요.	틀린 문제를 확인해요.	실수하지 않도록 집중해요.

QR 빠른 정답 확인

🥕 덧셈을 해 보세요.

1
$$\begin{array}{r} 6 \\ +\ 3\ 1 \\ \hline \end{array}$$

2
$$\begin{array}{r} 3 \\ +\ 8\ 5 \\ \hline \end{array}$$

3
$$\begin{array}{r} 1 \\ +\ 5\ 1 \\ \hline \end{array}$$

4
$$\begin{array}{r} 5 \\ +\ 1\ 4 \\ \hline \end{array}$$

5
$$\begin{array}{r} 1 \\ +\ 7\ 3 \\ \hline \end{array}$$

6
$$\begin{array}{r} 7 \\ +\ 2\ 1 \\ \hline \end{array}$$

7
$$\begin{array}{r} 2 \\ +\ 4\ 3 \\ \hline \end{array}$$

8
$$\begin{array}{r} 4 \\ +\ 6\ 0 \\ \hline \end{array}$$

9
$$\begin{array}{r} 3 \\ +\ 9\ 2 \\ \hline \end{array}$$

10
$$\begin{array}{r} 3 \\ +\ 2\ 4 \\ \hline \end{array}$$

11
$$\begin{array}{r} 4 \\ +\ 3\ 4 \\ \hline \end{array}$$

12
$$\begin{array}{r} 3 \\ +\ 5\ 2 \\ \hline \end{array}$$

13
$$\begin{array}{r} 1 \\ +\ 4\ 8 \\ \hline \end{array}$$

14
$$\begin{array}{r} 5 \\ +\ 1\ 2 \\ \hline \end{array}$$

15 $2+32$

16 $5+63$

17 $9+40$

18 $4+71$

19 $6+23$

20 $2+55$

21 $1+82$

22 $7+11$

연산 in 문장제

윤주는 500원짜리 동전 5개와 100원짜리 동전 23개를 가지고 있습니다. 윤주가 가지고 있는 동전은 모두 몇 개인지 구해 보세요.

$$\underset{\substack{\uparrow \\ 500원짜리 \\ 동전 수}}{5} + \underset{\substack{\uparrow \\ 100원짜리 \\ 동전 수}}{23} = \underset{\substack{\uparrow \\ 윤주가 가지고 있는 \\ 동전 수}}{28}(개)$$

23 진우네 집에 귤이 2개 있었는데, 어머니께서 귤 22개를 더 사 오셨습니다. 진우네 집에 있는 귤은 모두 몇 개인지 구해 보세요.

답 _____

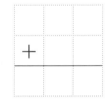

24 버스에 승객이 6명 타고 있었습니다. 다음 정류장에서 12명의 승객이 더 타고 내린 사람은 없습니다. 지금 버스에 타고 있는 승객은 모두 몇 명인지 구해 보세요.

답 _____

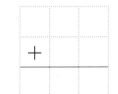

25 성호네 가족 모임에 어린이 8명, 어른 31명이 모였습니다. 성호네 가족 모임에 모인 사람은 모두 몇 명인지 구해 보세요.

답 _____

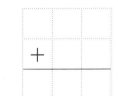

26 어느 병원에 있는 간호사의 수를 세어 보니 남자는 7명, 여자는 40명이었습니다. 이 병원에 있는 간호사는 모두 몇 명인지 구해 보세요.

답 _____

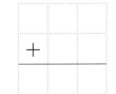

27 수빈이네 가족은 추석에 송편을 빚었습니다. 콩을 넣은 송편은 4개, 깨를 넣은 송편은 81개라면 송편은 모두 몇 개인지 구해 보세요.

답 _____

맞힌 개수	나의 학습 결과에 ○표 하세요.				QR 빠른정답 확인
개 / 27개	맞힌 개수	0~5개	6~14개	15~23개	24~27개
	학습 방법	다시 한번 풀어 봐요.	계산 연습이 필요해요.	틀린 문제를 확인해요.	실수하지 않도록 집중해요.

05 일차

3. 받아올림이 없는 (몇십)+(몇십)

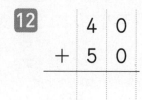

```
    2 0
 +  5 0
 ─────────
    7 0
```

낱개의 수인 0을 쓰고,
10개씩 묶음의 수끼리
더해요.

🥕 덧셈을 해 보세요.

1
```
    1 0
 +  7 0
```

2
```
    4 0
 +  2 0
```

3
```
    2 0
 +  7 0
```

4
```
    3 0
 +  6 0
```

5
```
    5 0
 +  4 0
```

6
```
    3 0
 +  3 0
```

7
```
    5 0
 +  3 0
```

8
```
    2 0
 +  1 0
```

9
```
    1 0
 +  8 0
```

10
```
    2 0
 +  6 0
```

11
```
    6 0
 +  1 0
```

12
```
    4 0
 +  5 0
```

13
```
    4 0
 +  3 0
```

14
```
    7 0
 +  2 0
```

15
```
    1 0
 +  4 0
```

16
```
    3 0
 +  1 0
```

17
```
    1 0
 +  1 0
```

18
```
    7 0
+   1 0
─────────
```

19
```
    1 0
+   5 0
─────────
```

20
```
    2 0
+   4 0
─────────
```

21
```
    6 0
+   3 0
─────────
```

22
```
    5 0
+   2 0
─────────
```

23
```
    4 0
+   1 0
─────────
```

24　10+30

25　80+10

26　30+40

27　20+30

28　30+20

29　20+20

30　30+50

31　60+20

32　10+20

33　40+40

34　20+50

35　10+60

36　50+10

37　20+10

🥕 덧셈을 해 보세요.

1
```
    1 0
 +  3 0
```

2
```
    5 0
 +  1 0
```

3
```
    8 0
 +  1 0
```

4
```
    3 0
 +  2 0
```

5
```
    6 0
 +  1 0
```

6
```
    1 0
 +  2 0
```

7
```
    5 0
 +  3 0
```

8
```
    4 0
 +  1 0
```

9
```
    2 0
 +  2 0
```

10
```
    1 0
 +  1 0
```

11
```
    2 0
 +  5 0
```

12
```
    4 0
 +  5 0
```

13
```
    6 0
 +  3 0
```

14
```
    7 0
 +  1 0
```

15 30+10

16 30+30

17 70+20

18 40+20

19 50+40

20 10+80

21 20+40

22 10+40

연산 in 문장제

초콜릿을 윤상이는 20개, 미연이는 30개 샀습니다. 두 사람이 산 초콜 릿은 모두 몇 개인지 구해 보세요.

$$\underset{\substack{\uparrow \\ \text{윤상이가 산} \\ \text{초콜릿 수}}}{20} + \underset{\substack{\uparrow \\ \text{미연이가 산} \\ \text{초콜릿 수}}}{30} = \underset{\substack{\uparrow \\ \text{두 사람이 산} \\ \text{초콜릿 수}}}{50}^{(개)}$$

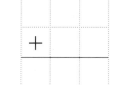

23 태영이네 학교 1학년 남학생은 50명, 여학생은 40명입니다. 태영 이네 학교 1학년 학생은 모두 몇 명인지 구해 보세요.

답 _____

24 기선이의 언니는 10살이고, 할머니는 60살입니다. 기선이의 언니와 할머니의 나이를 합하면 몇 살인지 구해 보세요.

답 _____

25 도로 양쪽에 은행나무 40그루와 느티나무 40그루가 심어져 있습니 다. 도로 양쪽에 심어진 은행나무와 느티나무는 모두 몇 그루인지 구해 보세요.

답 _____

26 어느 박물관에 토요일에는 20명, 일요일에는 40명의 관람객이 방 문하였습니다. 이 박물관에 토요일과 일요일에 방문한 관람객은 모두 몇 명인지 구해 보세요.

답 _____

27 기온이 30도가 넘은 날이 7월에는 10일, 8월에는 20일이었습니 다. 7월과 8월에 30도를 넘은 날은 모두 며칠인지 구해 보세요.

답 _____

맞힌 개수	나의 학습 결과에 ○표 하세요.				QR 빠른정답 확인
개 /27개	맞힌 개수	0~5개	6~14개	15~23개	24~27개	
	학습 방법	다시 한번 풀어 봐요.	계산 연습이 필요해요.	틀린 문제를 확인해요.	실수하지 않도록 집중해요.	

```
    3  2
 +  2  6
 ─────────
    5  8
```

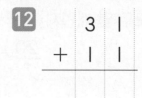 낱개의 수 → 10개씩 묶음의 수 순서로 계산해요.

🥕 덧셈을 해 보세요.

1
```
    4  5
 +  1  2
 ───────
```

2
```
    2  6
 +  2  1
 ───────
```

3
```
    1  7
 +  7  2
 ───────
```

4
```
    5  2
 +  2  3
 ───────
```

5
```
    4  0
 +  1  5
 ───────
```

6
```
    3  3
 +  3  5
 ───────
```

7
```
    4  7
 +  2  0
 ───────
```

8
```
    3  4
 +  4  1
 ───────
```

9
```
    1  5
 +  2  3
 ───────
```

10
```
    2  1
 +  2  5
 ───────
```

11
```
    4  2
 +  3  5
 ───────
```

12
```
    3  1
 +  1  1
 ───────
```

13
```
    2  2
 +  1  7
 ───────
```

14
```
    5  7
 +  2  1
 ───────
```

15
```
    3  2
 +  6  2
 ───────
```

16
```
    4  1
 +  1  6
 ───────
```

17
```
    3  2
 +  5  1
 ───────
```

18
```
    7 2
  + 1 2
```

19
```
    2 1
  + 5 5
```

20
```
    6 7
  + 3 0
```

21
```
    1 3
  + 3 4
```

22
```
    5 2
  + 3 3
```

23
```
    1 3
  + 1 5
```

24 64+21

25 16+11

26 40+49

27 22+61

28 14+81

29 53+13

30 22+15

31 13+31

32 82+13

33 32+41

34 22+37

35 41+20

36 22+23

37 36+51

맞힌 개수	나의 학습 결과에 ○표 하세요.				QR 빠른 정답 확인
개 /37개	맞힌 개수	0~5개	6~19개	20~33개	34~37개	
	학습 방법	다시 한번 풀어 봐요.	계산 연습이 필요해요.	틀린 문제를 확인해요.	실수하지 않도록 집중해요.	

🥕 덧셈을 해 보세요.

1
```
    7 6
  + 1 2
```

자리를 맞추어 같은 자리 수끼리 더해요.

2
```
    5 5
  + 2 1
```

3
```
    8 3
  + 1 6
```

4
```
    4 7
  + 1 0
```

5
```
    6 2
  + 1 6
```

6
```
    4 3
  + 5 3
```

7
```
    2 1
  + 2 6
```

8
```
    2 4
  + 4 4
```

9
```
    1 3
  + 3 2
```

10
```
    1 2
  + 1 7
```

11
```
    3 4
  + 2 1
```

12
```
    6 2
  + 2 5
```

13
```
    1 0
  + 3 1
```

14
```
    5 2
  + 3 1
```

15 12+45

16 28+40

17 61+12

18 33+24

19 50+18

20 24+25

21 42+36

22 13+21

연산 in 문장제

옥수수 밭에서 옥수수를 윤호는 4 | 개, 진혁이는 52개 땄습니다. 두 사람이 딴 옥수수는 모두 몇 개인지 구해 보세요.

$$41 + 52 = 93(개)$$

윤호가 딴 옥수수 수   진혁이가 딴 옥수수 수   두 사람이 딴 옥수수 수

```
   4 1
 + 5 2
-------
   9 3
```

23 영수는 32개의 구슬을 가지고 친구들과 구슬치기를 하였습니다. 영수가 | 5개의 구슬을 더 땄을 때, 영수가 가진 구슬은 모두 몇 개가 되었는지 구해 보세요.

답 _____

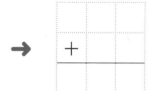

24 재화네 반에서 안경을 쓴 학생은 | 0명이고, 안경을 쓰지 않은 학생은 | 4명입니다. 재화네 반 학생은 모두 몇 명인지 구해 보세요.

답 _____

25 성준이는 줄넘기를 어제 45번 넘었고, 오늘은 어제보다 53번 더 넘었습니다. 성준이가 오늘 넘은 줄넘기는 몇 번인지 구해 보세요.

답 _____

26 세정이는 검은 바둑돌 25개와 흰 바둑돌 24개를 가지고 있습니다. 세정이가 가지고 있는 바둑돌은 모두 몇 개인지 구해 보세요.

답 _____

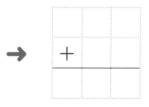

27 자전거 대여점에 세발자전거 | | 대와 두발자전거 75대가 있습니다. 대여점에 있는 세발자전거와 두발자전거는 모두 몇 대인지 구해 보세요.

답 _____

맞힌 개수	0~5개	6~14개	15~23개	24~27개
학습 방법	다시 한번 풀어 봐요.	계산 연습이 필요해요.	틀린 문제를 확인해요.	실수하지 않도록 집중해요.

맞힌 개수 개 /27개

나의 학습 결과에 ○표 하세요.

QR 빠른 정답 확인

$$14 + 12 = 26$$

닭 수   달걀 수   전체 수

그림에 알맞은 덧셈식을
세워 계산해요.

🥕 그림을 보고 △와 ●의 합을 구하려고 합니다.
□ 안에 알맞은 수를 써넣으세요.

1

$21 + 17 = \boxed{}$

2

$10 + 14 = \boxed{}$

3

$15 + 12 = \boxed{}$

4

$22 + 24 = \boxed{}$

5

$13 + 26 = \boxed{}$

6

$30 + 14 = \boxed{}$

7

$12 + 25 = \boxed{}$

8

$24 + 31 = \boxed{}$

🐿 그림을 보고 덧셈식을 만들려고 합니다. ☐ 안에 알맞은 수를 써넣으세요.

9

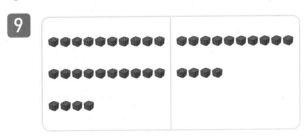

$24+\boxed{}=\boxed{}$

10

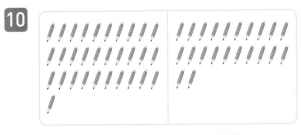

$31+\boxed{}=\boxed{}$

11

$20+\boxed{}=\boxed{}$

12

$32+\boxed{}=\boxed{}$

13

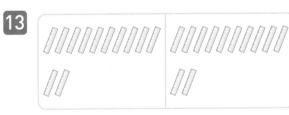

$\boxed{}+12=\boxed{}$

14

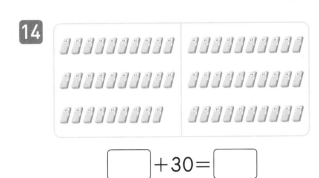

$\boxed{}+30=\boxed{}$

15

$\boxed{}+21=\boxed{}$

16

$\boxed{}+34=\boxed{}$

맞힌 개수	나의 학습 결과에 ○표 하세요.			
	맞힌 개수	0~3개	4~8개	9~13개	14~16개
개 /16개	학습 방법	다시 한번 풀어 봐요.	계산 연습이 필요해요.	틀린 문제를 확인해요.	실수하지 않도록 집중해요.

QR 빠른정답 확인

5. 그림을 보고 덧셈하기

🥕 그림을 보고 덧셈식을 만들려고 합니다. ☐ 안에 알맞은 수를 써넣으세요.

1
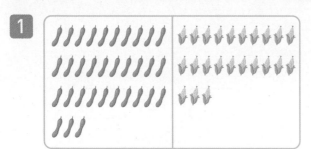

$$33+23=\boxed{}$$

2

$$27+21=\boxed{}$$

3

$$30+31=\boxed{}$$

4

$$12+32=\boxed{}$$

5

$$16+\boxed{}=\boxed{}$$

6
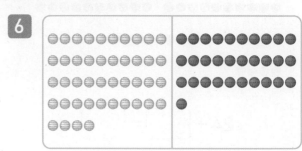

$$44+\boxed{}=\boxed{}$$

7
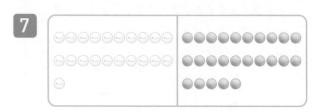

$$21+\boxed{}=\boxed{}$$

8

$$\boxed{}+40=\boxed{}$$

9
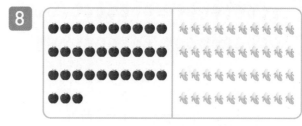

$$\boxed{}+27=\boxed{}$$

10
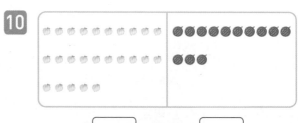

$$\boxed{}+13=\boxed{}$$

연산 in 문장제

냉장고에 오렌지주스 42병과 포도주스 33병이 들어 있습니다. 냉장고에 들어 있는 오렌지주스와 포도주스는 모두 몇 병인지 구해 보세요.

$$\underset{\text{오렌지주스 수}}{42} + \underset{\text{포도주스 수}}{33} = \underset{\substack{\text{오렌지주스와}\\\text{포도주스 수}}}{75}^{(병)}$$

	4	2
+	3	3
	7	5

11 식탁 위에 김치만두 35개와 고기만두 51개가 있습니다. 식탁 위에 있는 김치만두와 고기만두는 모두 몇 개인지 구해 보세요.

답 _____

12 정준이는 버스 장난감 12개와 비행기 장난감 17개를 가지고 있습니다. 정준이가 가지고 있는 버스 장난감과 비행기 장난감은 모두 몇 개인지 구해 보세요.

답 _____

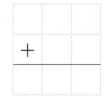

13 공원에 소나무 73그루, 은행나무 24그루가 있습니다. 공원에 있는 소나무와 은행나무는 모두 몇 그루인지 구해 보세요.

답 _____

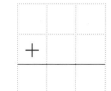

14 슈퍼마켓에 딸기 아이스크림 11개와 초콜릿 아이스크림 23개가 있습니다. 슈퍼마켓에 있는 딸기 아이스크림과 초콜릿 아이스크림은 모두 몇 개인지 구해 보세요.

답 _____

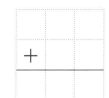

15 연주와 동생은 사과 농장에 갔습니다. 연주가 27개, 동생이 31개의 사과를 땄다면 연주와 동생이 딴 사과는 모두 몇 개인지 구해 보세요.

답 _____

맞힌 개수	나의 학습 결과에 ○표 하세요.				
	맞힌 개수	0~3개	4~8개	9~12개	13~15개
개 /15개	학습 방법	다시 한번 풀어 봐요.	계산 연습이 필요해요.	틀린 문제를 확인해요.	실수하지 않도록 집중해요.

QR 빠른 정답 확인

6. 여러 가지 방법으로 덧셈하기

14 + 23
① 30 ② 7
③ 37

14 + 23
① 3 20
17
② 37

14 + 23
① 20 3
34
② 37

방법 1
10과 20을 더
하고, 4와 3을
더하기

방법 2
14에 3을 먼저
더하고 20 더
하기

방법 3
14에 20을 먼
저 더하고 3 더
하기

🥕 □ 안에 알맞은 수를 써넣으세요.

1   1 6 + 5 2 =
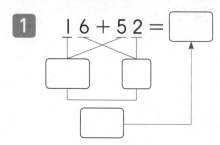

2   2 1 + 2 2 =
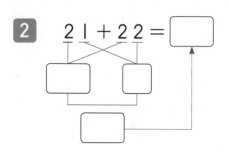

3   4 3 + 1 1 =
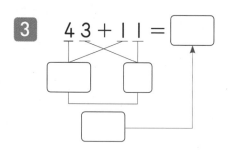

4   6 2 + 2 7 =
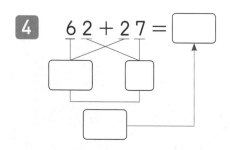

5   1 4 + 1 3 =
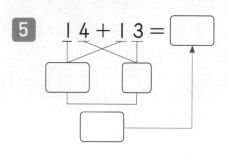

6   5 1 + 2 3 =
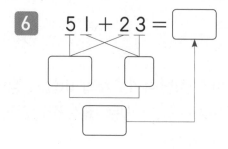

7   2 1 + 1 5 =
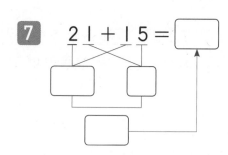

8   7 7 + 2 2 =
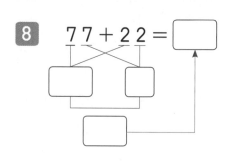

9   1 4 + 3 4 =
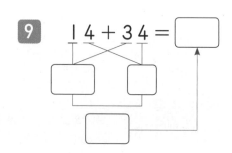

10 12 + 25 =

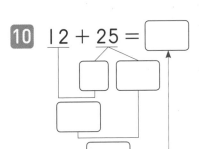

11 45 + 33 =

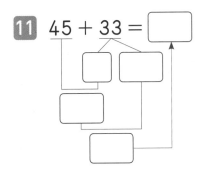

12 57 + 12 =

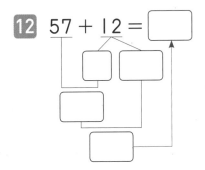

13 11 + 16 =

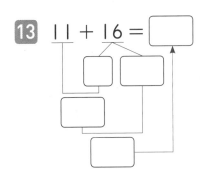

14 26 + 32 =

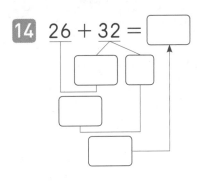

15 73 + 15 =

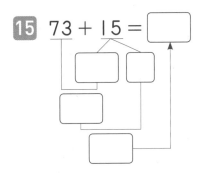

16 13 + 22 =

17 32 + 11 =

맞힌 개수	나의 학습 결과에 ○표 하세요.				
	맞힌 개수	0~4개	5~9개	10~14개	15~17개
개 /17개	학습 방법	다시 한번 풀어 봐요.	계산 연습이 필요해요.	틀린 문제를 확인해요.	실수하지 않도록 집중해요.

QR 빠른 정답 확인

6. 여러 가지 방법으로 덧셈하기

□ 안에 알맞은 수를 써넣으세요.

1 $35+13=30+5+\boxed{}+3$
$=\boxed{}+8$
$=\boxed{}$

2 $24+31=20+\boxed{}+30+1$
$=50+\boxed{}$
$=\boxed{}$

3 $16+53=\boxed{}+6+50+3$
$=\boxed{}+9$
$=\boxed{}$

4 $17+81=10+7+80+\boxed{}$
$=90+\boxed{}$
$=\boxed{}$

5 $15+22=15+\boxed{}+20$
$=\boxed{}+20$
$=\boxed{}$

6 $63+31=63+\boxed{}+30$
$=\boxed{}+30$
$=\boxed{}$

7 $52+24=52+\boxed{}+20$
$=\boxed{}+20$
$=\boxed{}$

8 $31+36=31+\boxed{}+30$
$=\boxed{}+30$
$=\boxed{}$

9 $44+45=44+\boxed{}+5$
$=\boxed{}+5$
$=\boxed{}$

10 $15+52=15+\boxed{}+2$
$=\boxed{}+2$
$=\boxed{}$

11 $23+73=23+\boxed{}+3$
$=\boxed{}+3$
$=\boxed{}$

12 $35+14=35+\boxed{}+4$
$=\boxed{}+4$
$=\boxed{}$

연산 in 문장제

빨간 색연필 7 l 자루와 파란 색연필 22자루가 있습니다. 빨간 색연필과 파란 색연필은 모두 몇 자루인지 구해 보세요.

$$71 + 22 = 93\text{(자루)}$$

↑ 빨간 색연필 수　　↑ 파란 색연필 수　　↑ 빨간 색연필과 파란 색연필 수

$$\begin{array}{r} 7\,1 \\ +\ 2\,2 \\ \hline 9\,3 \end{array}$$

---

13 시원이네 학급 문고에는 동화책이 43권, 위인전이 45권 있습니다. 학급 문고에 있는 동화책과 위인전은 모두 몇 권인지 구해 보세요.

답 _____

---

14 소희는 칭찬 붙임 딱지를 지난 주에 l2장, 이번 주에 22장 모았습니다. 소희가 지난 주와 이번 주에 모은 칭찬 붙임 딱지는 모두 몇 장인지 구해 보세요.

답 _____

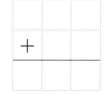

---

15 감을 진영이는 35개, 진실이는 3l개 땄습니다. 진영이와 진실이가 딴 감은 모두 몇 개인지 구해 보세요.

답 _____

---

16 양계장에 병아리가 25마리 있고 닭은 병아리보다 72마리 더 많습니다. 이 양계장에 있는 닭은 모두 몇 마리인지 구해 보세요.

답 _____

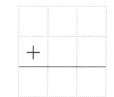

---

17 세윤이네 학교 l학년 l반 학생은 23명이고, 2반 학생은 26명입니다. 세윤이네 학교 l학년 l반과 2반 학생은 모두 몇 명인지 구해 보세요.

답 _____

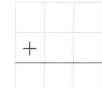

맞힌 개수	나의 학습 결과에 ○표 하세요.				QR 빠른정답 확인
	맞힌 개수	0~4개	5~9개	10~14개	15~17개	
개 /17개	학습 방법	다시 한번 풀어 봐요.	계산 연습이 필요해요.	틀린 문제를 확인해요.	실수하지 않도록 집중해요.	

＊ 덧셈을 해 보세요.

1
```
    4 3
  +   2
```

2
```
    2 5
  +   3
```

3
```
    7 3
  +   1
```

4
```
    6 5
  +   2
```

5
```
      6
  + 5 2
```

6
```
      4
  + 3 1
```

7
```
      5
  + 8 4
```

8
```
      5
  + 7 1
```

9
```
    6 0
  + 2 0
```

10
```
    5 0
  + 2 0
```

11
```
    2 0
  + 1 0
```

12
```
    4 0
  + 3 0
```

13
```
    6 7
  + 2 1
```

14
```
    4 5
  + 3 1
```

15
```
    1 4
  + 4 2
```

16
```
    7 4
  + 1 3
```

17 86+3

18 32+1

19 54+4

20 12+3

21 2+90

22 2+41

23 4+63

24 5+21

25 30+60

26 40+50

27 20+60

28 10+50

29 51+41

30 32+13

31 11+17

32 43+56

🥕 그림을 보고 덧셈식을 만들려고 합니다. □ 안에 알맞은 수를 써넣으세요.

33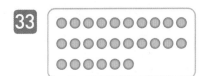

26+21= ☐

34

14+25= ☐

35

32+ ☐ = ☐

36

☐ +11= ☐

🥕 □ 안에 알맞은 수를 써넣으세요.

37 34+15
=30+4+ ☐ +5
= ☐ +9= ☐

38 26+41
=20+ ☐ +40+1
=60+ ☐ = ☐

39 12+22
=12+ ☐ +20
= ☐ +20= ☐

40 22+33
=22+ ☐ +30
= ☐ +30= ☐

41 14+65
=14+ ☐ +5
= ☐ +5= ☐

42 31+51
=31+ ☐ +1
= ☐ +1= ☐

정답 11쪽

43 수혁이네 마을에 62명의 사람들이 살고 있었습니다. 오늘 3명이 새로 이사 왔다면 수혁이네 마을 사람은 모두 몇 명이 되었는지 구해 보세요.

답 _____

44 방과 후 수업에서 쿠키를 지원이는 6개, 혜수는 13개 만들었습니다. 지원이와 혜수가 만든 쿠키는 모두 몇 개인지 구해 보세요.

답 _____

45 어느 마트에 멜론 20개와 수박 50개가 있습니다. 이 마트에 있는 멜론과 수박은 모두 몇 개인지 구해 보세요.

답 _____

46 가희는 지난 달에는 18일, 이번 달에는 20일 동안 줄넘기를 하였습니다. 가희가 지난 달과 이번 달에 줄넘기를 한 날수는 모두 며칠인지 구해 보세요.

답 _____

47 놀이터에 있는 어린이 중에서 반팔 옷을 입은 어린이는 12명, 긴팔 옷을 입은 어린이는 14명입니다. 놀이터에 있는 어린이는 모두 몇 명인지 구해 보세요.

답 _____

48 종국이는 오늘 윗몸일으키기를 51번 하였습니다. 내일은 오늘보다 14번 더 많이 하려고 합니다. 종국이가 내일 하려는 윗몸일으키기는 몇 번인지 구해 보세요.

답 _____

연산 노트

맞힌 개수	나의 학습 결과에 ○표 하세요.				QR 빠른정답 확인
	맞힌 개수	0~8개	9~24개	25~41개	42~48개
개 /48개	학습 방법	다시 한번 풀어 봐요.	계산 연습이 필요해요.	틀린 문제를 확인해요.	실수하지 않도록 집중해요.

3
뺄셈 (1)

1. 받아내림이 없는 (몇십몇)-(몇)

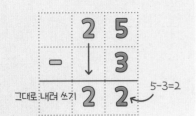

그대로 내려 쓰기   5-3=2

낱개의 수끼리 빼고,
10개씩 묶음의 수는
그대로 내려 써요.

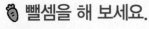
🥕 뺄셈을 해 보세요.

1
```
    1  7
 -     5
```

2
```
    5  5
 -     2
```

3
```
    7  2
 -     2
```

4
```
    2  8
 -     4
```

5
```
    8  7
 -     6
```

6
```
    3  9
 -     7
```

7
```
    6  4
 -     2
```

8
```
    1  9
 -     3
```

9
```
    9  6
 -     5
```

10
```
    7  7
 -     4
```

11
```
    5  9
 -     7
```

12
```
    2  3
 -     3
```

13
```
    8  7
 -     3
```

14
```
    4  2
 -     1
```

15
```
    2  7
 -     4
```

16
```
    3  6
 -     3
```

17
```
    6  5
 -     1
```

18
```
    9 9
  -   2
  ─────
```

24 37－2

31 75－4

19
```
    4 7
  -   5
  ─────
```

25 15－2

32 96－1

20
```
    3 8
  -   2
  ─────
```

26 46－6

33 55－3

27 26－4

34 68－2

21
```
    6 4
  -   4
  ─────
```

28 35－2

35 33－3

22
```
    7 5
  -   3
  ─────
```

29 58－5

36 74－2

23
```
    2 4
  -   3
  ─────
```

30 84－2

37 68－1

맞힌 개수	나의 학습 결과에 ○표 하세요.				QR 빠른정답 확인
개 /37개	맞힌 개수	0～5개	6～19개	20～33개	34～37개
	학습 방법	다시 한번 풀어 봐요.	계산 연습이 필요해요.	틀린 문제를 확인해요.	실수하지 않도록 집중해요.

1. 받아내림이 없는 (몇십몇)-(몇)

🥕 뺄셈을 해 보세요.

1
```
   3 5
-    1
```

2
```
   6 7
-    6
```

3
```
   1 4
-    2
```

4
```
   5 6
-    3
```

5
```
   2 6
-    2
```

6
```
   8 8
-    3
```

7
```
   7 3
-    3
```

8
```
   2 9
-    2
```

9
```
   9 8
-    2
```

10
```
   4 4
-    3
```

11
```
   7 5
-    2
```

12
```
   1 7
-    4
```

13
```
   5 6
-    2
```

14
```
   6 3
-    1
```

15 27-2

16 66-3

17 15-3

18 57-1

19 37-3

20 89-4

21 77-5

22 48-4

연산 in 문장제

줄넘기를 윤서는 27번, 단비는 6번 넘었습니다. 윤서는 단비보다 줄넘기를 몇 번 더 많이 넘었는지 구해 보세요.

$$27 - 6 = 21 \text{(번)}$$

윤서가 넘은 줄넘기 수   단비가 넘은 줄넘기 수   윤서가 단비보다 더 넘은 줄넘기 수

```
   2 7
-    6
   2 1
```

---

23 세윤이의 어머니는 39살이고, 세윤이는 8살입니다. 세윤이 어머니는 세윤이보다 몇 살 더 많은지 구해 보세요.

답 _____

---

24 민호의 아버지께서 참외 17개를 사 오셨습니다. 민호네 가족은 그중에서 4개를 먹었습니다. 남은 참외는 몇 개인지 구해 보세요.

답 _____

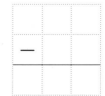

---

25 밤을 성철이는 48개, 동생은 5개 주웠습니다. 성철이는 동생보다 밤을 몇 개 더 많이 주웠는지 구해 보세요.

답 _____

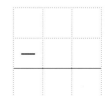

---

26 신발장에 운동화는 15켤레, 구두는 4켤레 있습니다. 운동화는 구두보다 몇 켤레 더 많은지 구해 보세요.

답 _____

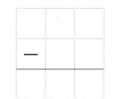

---

27 혁준이는 색종이 66장 중에서 2장으로 종이학을 접었습니다. 혁준이에게 남은 색종이는 몇 장인지 구해 보세요.

답 _____

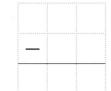

맞힌 개수	나의 학습 결과에 ○표 하세요.				QR 빠른정답 확인
개 /27개	맞힌 개수	0~5개	6~14개	15~23개	24~27개
	학습 방법	다시 한번 풀어 봐요.	계산 연습이 필요해요.	틀린 문제를 확인해요.	실수하지 않도록 집중해요.

03 일차   2. 받아내림이 없는 (몇십)-(몇십)

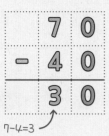

```
   7 0
 - 4 0
   3 0
```
7-4=3

낱개의 수인 0을 쓰고,
10개씩 묶음의
수끼리 빼요.

🥕 뺄셈을 해 보세요.

1
```
   5 0
 - 3 0
```

2
```
   4 0
 - 2 0
```

3
```
   8 0
 - 3 0
```

4
```
   9 0
 - 1 0
```

5
```
   5 0
 - 4 0
```

6
```
   6 0
 - 2 0
```

7
```
   5 0
 - 2 0
```

8
```
   2 0
 - 1 0
```

9
```
   7 0
 - 3 0
```

10
```
   9 0
 - 3 0
```

11
```
   6 0
 - 1 0
```

12
```
   7 0
 - 5 0
```

13
```
   8 0
 - 7 0
```

14
```
   4 0
 - 1 0
```

15
```
   5 0
 - 1 0
```

16
```
   7 0
 - 2 0
```

17
```
   8 0
 - 1 0
```

18		9	0
	−	2	0

19		6	0
	−	3	0

20		3	0
	−	2	0

21		8	0
	−	6	0

22		8	0
	−	4	0

23		9	0
	−	8	0

24 70−60

25 90−40

26 40−30

27 30−10

28 50−10

29 90−70

30 60−50

31 80−20

32 90−60

33 70−40

34 60−40

35 80−50

36 70−10

37 90−50

맞힌 개수	나의 학습 결과에 ○표 하세요.					QR 빠른 정답 확인
	맞힌 개수	0~5개	6~19개	20~33개	34~37개	
개 /37개	학습 방법	다시 한번 풀어 봐요.	계산 연습이 필요해요.	틀린 문제를 확인해요.	실수하지 않도록 집중해요.	

04 일차   2. 받아내림이 없는 (몇십)-(몇십)

🥕 뺄셈을 해 보세요.

1
```
   6 0
 − 4 0
```

2
```
   8 0
 − 5 0
```

3
```
   7 0
 − 4 0
```

4
```
   6 0
 − 5 0
```

5
```
   9 0
 − 4 0
```

6
```
   8 0
 − 1 0
```

7
```
   7 0
 − 3 0
```

8
```
   7 0
 − 1 0
```

9
```
   4 0
 − 2 0
```

10
```
   5 0
 − 3 0
```

11
```
   6 0
 − 3 0
```

12
```
   8 0
 − 6 0
```

13
```
   9 0
 − 7 0
```

14
```
   7 0
 − 6 0
```

15 60−20

16 40−10

17 70−20

18 50−40

19 90−20

20 80−70

21 30−20

22 80−40

연산 in 문장제

영지네 집 책장에는 90권의 책이 있습니다. 영지는 그중에서 80권을 읽었습니다. 영지가 아직 읽지 않은 책은 몇 권인지 구해 보세요.

$$90 - 80 = 10^{(권)}$$

책장에 있는 전체 책 수   영지가 읽은 책 수   읽지 않은 책 수

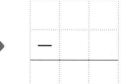

23 준기네 집에 귤이 50개 있었습니다. 오늘 준기네 가족이 귤 20개를 먹었습니다. 먹고 남은 귤은 몇 개인지 구해 보세요.

답 _____

24 상현이네 학교 체육관에는 탁구공이 40개, 축구공이 10개 있습니다. 탁구공은 축구공보다 몇 개 더 많은지 구해 보세요.

답 _____

25 지난 주말에 한글 박물관에 방문한 어린이는 80명, 어른은 30명이었습니다. 지난 주말에 한글 박물관에 방문한 어린이는 어른보다 몇 명 더 많은지 구해 보세요.

답 _____

26 동물 농장에 있는 토끼는 60마리이고, 다람쥐는 20마리입니다. 토끼는 다람쥐보다 몇 마리 더 많은지 구해 보세요.

답 _____

27 알쏭달쏭 퀴즈에서 문제를 맞힌 학생은 50명, 틀린 학생은 40명이었습니다. 문제를 맞힌 학생은 틀린 학생보다 몇 명 더 많은지 구해 보세요.

답 _____

맞힌 개수	나의 학습 결과에 ○표 하세요.				QR 빠른정답 확인
	맞힌 개수	0~5개	6~14개	15~23개	24~27개	
개 /27개	학습 방법	다시 한번 풀어 봐요.	계산 연습이 필요해요.	틀린 문제를 확인해요.	실수하지 않도록 집중해요.	

3. 받아내림이 없는 (몇십몇)-(몇십)

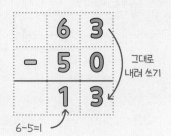

```
    6  3
 -  5  0      그대로
 ─────────    내려 쓰기
    1  3
```
6-5=1

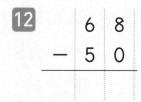

10개씩 묶음의 수끼리 빼고, 낱개의 수는 그대로 내려 써요.

🥕 뺄셈을 해 보세요.

1
```
    4  2
 -  3  0
 ──────
```

2
```
    8  3
 -  1  0
 ──────
```

3
```
    6  7
 -  4  0
 ──────
```

4
```
    2  5
 -  1  0
 ──────
```

5
```
    9  8
 -  7  0
 ──────
```

6
```
    2  6
 -  1  0
 ──────
```

7
```
    5  4
 -  2  0
 ──────
```

8
```
    9  1
 -  3  0
 ──────
```

9
```
    4  4
 -  4  0
 ──────
```

10
```
    6  2
 -  3  0
 ──────
```

11
```
    7  9
 -  2  0
 ──────
```

12
```
    6  8
 -  5  0
 ──────
```

13
```
    5  7
 -  3  0
 ──────
```

14
```
    9  3
 -  1  0
 ──────
```

15
```
    9  2
 -  5  0
 ──────
```

16
```
    8  4
 -  2  0
 ──────
```

17
```
    4  5
 -  2  0
 ──────
```

18
```
    7 4
  -   1 0
```

19
```
    5 5
  -   2 0
```

20
```
    2 1
  -   2 0
```

21
```
    9 7
  -   1 0
```

22
```
    6 4
  -   5 0
```

23
```
    4 8
  -   1 0
```

24 43-30

25 52-20

26 38-10

27 61-50

28 77-20

29 95-30

30 46-20

31 57-20

32 66-60

33 84-40

34 43-20

35 92-60

36 71-50

37 99-30

맞힌 개수	나의 학습 결과에 ○표 하세요.				
	맞힌 개수	0~5개	6~19개	20~33개	34~37개
개 /37개	학습 방법	다시 한번 풀어 봐요.	계산 연습이 필요해요.	틀린 문제를 확인해요.	실수하지 않도록 집중해요.

QR 빠른 정답 확인

3. 받아내림이 없는 (몇십몇)-(몇십)

🥕 뺄셈을 해 보세요.

1
```
    3 6
  - 2 0
```

2
```
    8 3
  - 5 0
```

3
```
    5 1
  - 1 0
```

4
```
    7 5
  - 1 0
```

5
```
    4 4
  - 3 0
```

6
```
    6 7
  - 2 0
```

7
```
    9 2
  - 4 0
```

8
```
    2 8
  - 2 0
```

9
```
    9 5
  - 7 0
```

10
```
    6 3
  - 2 0
```

11
```
    5 1
  - 2 0
```

12
```
    8 6
  - 3 0
```

13
```
    3 1
  - 2 0
```

14
```
    7 9
  - 4 0
```

15 24-10

16 58-30

17 91-40

18 97-30

19 63-50

20 82-20

21 76-40

22 95-20

연산 in 문장제

휴게소에서 호두과자 82봉지를 만들어 60봉지를 팔았습니다. 휴게소에서 팔고 남은 호두과자는 몇 봉지인지 구해 보세요.

$$\underset{\substack{\text{만든} \\ \text{호두과자 수}}}{82} - \underset{\substack{\text{판} \\ \text{호두과자 수}}}{60} = \underset{\substack{\text{남은} \\ \text{호두과자 수}}}{22}\text{(봉지)}$$

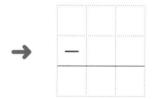

```
    8 2
-   6 0
-------
    2 2
```

---

23 놀이공원에서 청룡열차를 타기 위해 기다리고 있던 35명 중에서 30명이 청룡열차를 탔습니다. 청룡열차를 타지 못한 사람은 몇 명인지 구해 보세요.

답 _____

---

24 재형이는 어머니와 시장에 가서 감자 56개를 사서 나누어 들었습니다. 어머니께서 30개를 들었을 때, 재형이가 든 감자는 몇 개인지 구해 보세요.

답 _____

---

25 상정이는 가지고 있던 구슬 47개 중에서 10개를 친구들에게 나누어 주었습니다. 상정이에게 남은 구슬은 몇 개인지 구해 보세요.

답 _____

---

26 훌라후프를 민주는 82번, 현주는 50번 하였습니다. 민주는 현주보다 훌라후프를 몇 번 더 많이 했는지 구해 보세요.

답 _____

---

27 어느 가게에 아이스크림이 74개 있었는데 그중에서 30개를 팔았습니다. 남은 아이스크림은 몇 개인지 구해 보세요.

답 _____

맞힌 개수	나의 학습 결과에 ○표 하세요.				QR 빠른 정답 확인
	맞힌 개수	0~5개	6~14개	15~23개	24~27개	
개 /27개	학습 방법	다시 한번 풀어 봐요.	계산 연습이 필요해요.	틀린 문제를 확인해요.	실수하지 않도록 집중해요.	

4. 받아내림이 없는 (몇십몇)-(몇십몇)

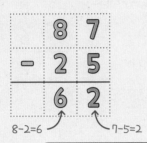

8-2=6   7-5=2

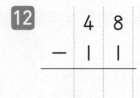
낱개의 수→10개씩
묶음의 수 순서로
계산해요.

🥕 뺄셈을 해 보세요.

1
```
    5  4
-   1  3
_____
```

2
```
    6  6
-   2  1
_____
```

3
```
    7  3
-   2  2
_____
```

4
```
    3  9
-   3  3
_____
```

5
```
    4  8
-   1  5
_____
```

6
```
    9  5
-   6  5
_____
```

7
```
    6  9
-   2  1
_____
```

8
```
    8  4
-   3  1
_____
```

9
```
    5  5
-   3  2
_____
```

10
```
    9  2
-   2  1
_____
```

11
```
    7  6
-   1  4
_____
```

12
```
    4  8
-   1  1
_____
```

13
```
    2  7
-   1  4
_____
```

14
```
    5  7
-   5  2
_____
```

15
```
    7  2
-   6  2
_____
```

16
```
    4  9
-   2  2
_____
```

17
```
    8  4
-   5  3
_____
```

18
```
    4 8
-   1 2
---------
```

19
```
    9 1
-   1 1
---------
```

20
```
    6 7
-   2 2
---------
```

21
```
    3 9
-   3 4
---------
```

22
```
    5 6
-   1 3
---------
```

23
```
    8 7
-   1 4
---------
```

24 73-21

25 16-11

26 45-23

27 63-12

28 69-41

29 73-13

30 57-15

31 93-31

32 87-13

33 46-31

34 38-12

35 59-52

36 65-21

37 75-22

맞힌 개수	나의 학습 결과에 ○표 하세요.				QR 빠른 정답 확인
	맞힌 개수	0~5개	6~19개	20~33개	34~37개	
개 /37개	학습 방법	다시 한번 풀어 봐요.	계산 연습이 필요해요.	틀린 문제를 확인해요.	실수하지 않도록 집중해요.	

🥕 뺄셈을 해 보세요.

1
```
    7 5
  - 4 1
```
자리를 맞추어 같은 자리 수끼리 뺴요.

2
```
    4 6
  - 2 2
```

3
```
    5 8
  - 3 1
```

4
```
    6 4
  - 3 2
```

5
```
    8 3
  - 6 3
```

6
```
    9 5
  - 2 4
```

7
```
    7 8
  - 6 5
```

8
```
    6 6
  - 3 2
```

9
```
    4 8
  - 3 7
```

10
```
    5 6
  - 1 4
```

11
```
    9 4
  - 3 4
```

12
```
    7 6
  - 2 3
```

13
```
    8 3
  - 7 1
```

14
```
    5 8
  - 2 5
```

15 68-11

16 75-32

17 88-27

18 97-12

19 59-23

20 35-21

21 99-91

22 66-44

연산 in 문장제

색종이를 준호는 38장, 미애는 27장 가지고 있습니다. 준호는 미애보다 색종이를 몇 장 더 많이 가지고 있는지 구해 보세요.

$$\underset{\substack{\text{준호가 가진} \\ \text{색종이 수}}}{38} - \underset{\substack{\text{미애가 가진} \\ \text{색종이 수}}}{27} = \underset{\substack{\text{더 가진} \\ \text{색종이 수}}}{11}(장)$$

```
    3 8
  -  2 7
    1 1
```

23 학교 운동장에 남학생이 95명, 여학생이 83명 있습니다. 운동장에 있는 남학생은 여학생보다 몇 명 더 많은지 구해 보세요.

답 _____

24 책상 위에 클립이 46개 있고, 누름 못은 클립보다 12개 더 적게 있습니다. 책상 위에 있는 누름 못은 몇 개인지 구해 보세요.

답 _____

25 양계장에 있는 닭 95마리 중에서 암탉은 72마리입니다. 양계장에 있는 수탉은 몇 마리인지 구해 보세요.

답 _____

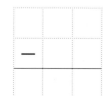

26 지원이는 64쪽짜리 동화책을 읽고 있습니다. 지금까지 24쪽을 읽었다면 남은 동화책은 몇 쪽인지 구해 보세요.

답 _____

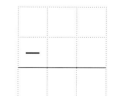

27 어느 공원에 설치되어 있는 바람개비 88개 중에서 13개가 고장났습니다. 고장나지 않은 바람개비는 몇 개인지 구해 보세요.

답 _____

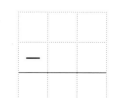

맞힌 개수	나의 학습 결과에 ○표 하세요.				QR 빠른정답 확인
	맞힌 개수	0~5개	6~14개	15~23개	24~27개
개 /27개	학습 방법	다시 한번 풀어 봐요.	계산 연습이 필요해요.	틀린 문제를 확인해요.	실수하지 않도록 집중해요.

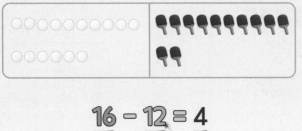

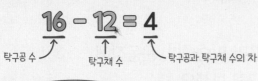

탁구공 수   탁구채 수   탁구공과 탁구채 수의 차

그림에 알맞은 뺄셈식을 세워 계산해요.

🥕 그림을 보고 ☆과 ♡의 차를 구하려고 합니다.
☐ 안에 알맞은 수를 써넣으세요.

1

$37 - 13 = \boxed{}$

2

$32 - 20 = \boxed{}$

3

$28 - 18 = \boxed{}$

4

$26 - 11 = \boxed{}$

5

$30 - 10 = \boxed{}$

6

$35 - 22 = \boxed{}$

7

$39 - 28 = \boxed{}$

8

$19 - 12 = \boxed{}$

🐹 그림을 보고 뺄셈식을 만들려고 합니다. ☐ 안에 알맞은 수를 써넣으세요.

9
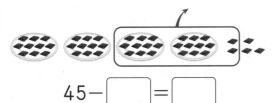
45 − ☐ = ☐

13
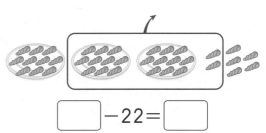
☐ − 22 = ☐

10
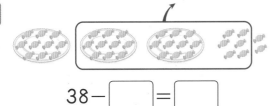
38 − ☐ = ☐

14
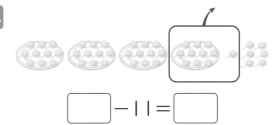
☐ − 11 = ☐

11
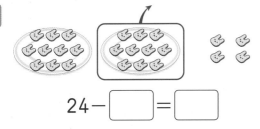
24 − ☐ = ☐

15
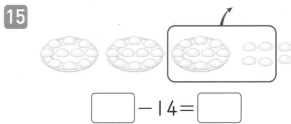
☐ − 14 = ☐

12
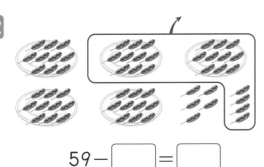
59 − ☐ = ☐

16
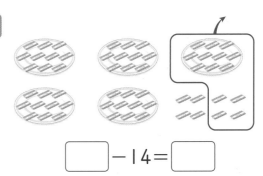
☐ − 14 = ☐

10일차 5. 그림을 보고 뺄셈하기

🥕 그림을 보고 뺄셈식을 만들려고 합니다. ☐ 안에 알맞은 수를 써넣으세요.

1
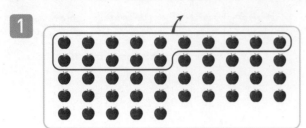
$45-15=$ ☐

2
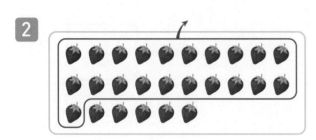
$26-21=$ ☐

3
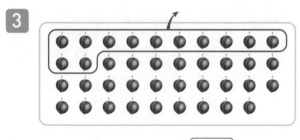
$39-12=$ ☐

4
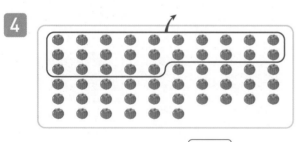
$56-25=$ ☐

5
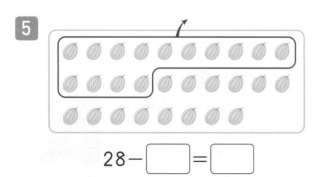
$28-$ ☐ $=$ ☐

6
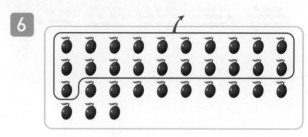
$33-$ ☐ $=$ ☐

7
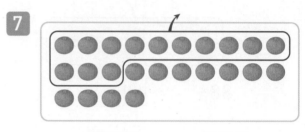
☐ $-13=$ ☐

8
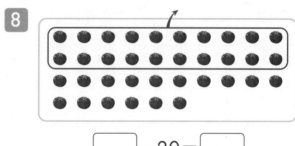

☐ $-20=$ ☐

9
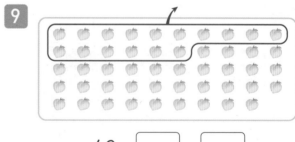
$49-$ ☐ $=$ ☐

10
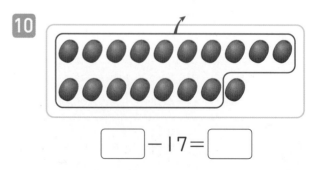
☐ $-17=$ ☐

연산 in 문장제

학교 야구장에 야구공 37개와 야구방망이 15개가 있습니다. 야구공은 야구방망이보다 몇 개 더 많은지 구해 보세요.

$$\underset{\text{야구공 수}}{37} - \underset{\text{야구방망이 수}}{15} = \underset{\text{야구공과 야구방망이 수의 차}}{22}\text{(개)}$$

```
    3  7
  - 1  5
    2  2
```

11 미술관에 69명이 있었는데 23명이 관람을 마쳤습니다. 남아 있는 사람은 몇 명인지 구해 보세요.

답 _____

```
  _
```

12 소현이는 사과 36개를 샀습니다. 그중에서 11개를 할머니 댁에 드렸습니다. 남은 사과는 몇 개인지 구해 보세요.

답 _____

```
  _
```

13 치킨 가게에서 고소한 치킨 87마리, 담백한 치킨 84마리를 팔았습니다. 고소한 치킨은 담백한 치킨보다 몇 마리 더 많이 팔았는지 구해 보세요.

답 _____

```
  _
```

14 태윤이네 학교에서 빈 병 모으기를 하였습니다. 1반은 58병을, 2반은 68병을 모았습니다. 2반은 1반보다 몇 병 더 많이 모았는지 구해 보세요.

답 _____

```
  _
```

15 공원에 참새가 26마리 있었는데 15마리가 날아갔습니다. 공원에 남아 있는 참새는 몇 마리인지 구해 보세요.

답 _____

```
  _
```

맞힌 개수	나의 학습 결과에 ○표 하세요.				
	맞힌 개수	0~3개	4~8개	9~12개	13~15개
개 /15개	학습 방법	다시 한번 풀어 봐요.	계산 연습이 필요해요.	틀린 문제를 확인해요.	실수하지 않도록 집중해요.

QR 빠른 정답 확인

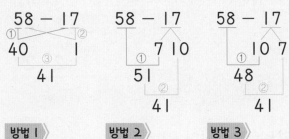
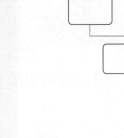
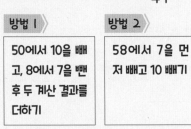

방법 1	방법 2	방법 3
50에서 10을 빼고, 8에서 7을 뺀 후 두 계산 결과를 더하기	58에서 7을 먼저 빼고 10 빼기	58에서 10을 먼저 빼고 7 빼기

🥕 ☐ 안에 알맞은 수를 써넣으세요.

1 $77 - 25 =$ ☐
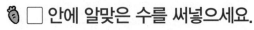

2 $26 - 13 =$ ☐
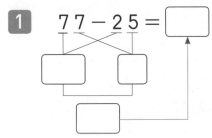

3 $45 - 14 =$ ☐
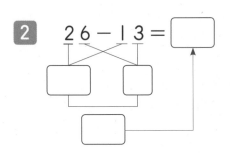

4 $57 - 12 =$ ☐
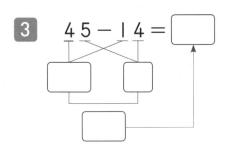

5 $89 - 35 =$ ☐
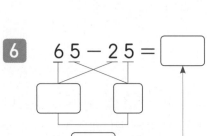

6 $65 - 25 =$ ☐
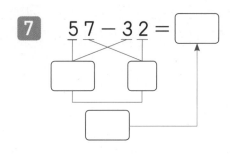

7 $57 - 32 =$ ☐
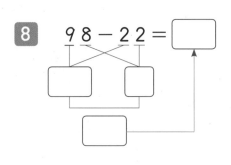

8 $98 - 22 =$ ☐

9 $46 - 24 =$ ☐
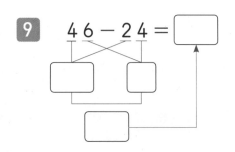

10 $65 - 24 =$ [　]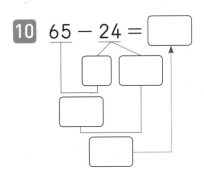

14 $63 - 42 =$ [　]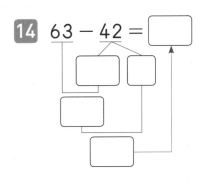

11 $27 - 15 =$ [　]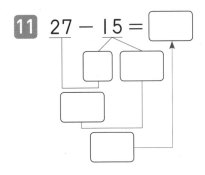

15 $86 - 36 =$ [　]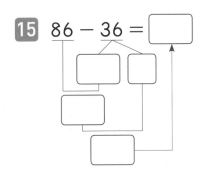

12 $74 - 22 =$ [　]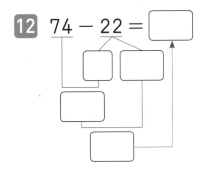

16 $97 - 31 =$ [　]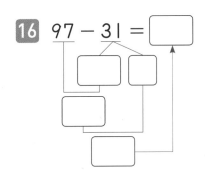

13 $68 - 43 =$ [　]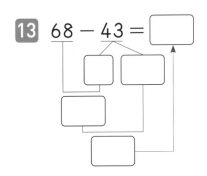

17 $86 - 13 =$ [　]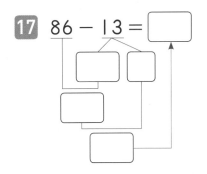

🥕 □ 안에 알맞은 수를 써넣으세요.

1 $47-33=40+\boxed{}-\boxed{}-3$
　　　　$=10+\boxed{}$
　　　　$=\boxed{}$

2 $77-56=70+\boxed{}-\boxed{}-6$
　　　　$=20+\boxed{}$
　　　　$=\boxed{}$

3 $68-24=\boxed{}+8-20-\boxed{}$
　　　　$=\boxed{}+4$
　　　　$=\boxed{}$

4 $55-23=\boxed{}+5-20-\boxed{}$
　　　　$=\boxed{}+2$
　　　　$=\boxed{}$

5 $98-75=98-\boxed{}-70$
　　　　$=\boxed{}-70$
　　　　$=\boxed{}$

6 $84-32=84-\boxed{}-30$
　　　　$=\boxed{}-30$
　　　　$=\boxed{}$

7 $38-33=38-\boxed{}-30$
　　　　$=\boxed{}-30$
　　　　$=\boxed{}$

8 $69-24=69-\boxed{}-20$
　　　　$=\boxed{}-20$
　　　　$=\boxed{}$

9 $81-21=81-\boxed{}-1$
　　　　$=\boxed{}-1$
　　　　$=\boxed{}$

10 $53-42=53-\boxed{}-2$
　　　　$=\boxed{}-2$
　　　　$=\boxed{}$

11 $99-26=99-\boxed{}-6$
　　　　$=\boxed{}-6$
　　　　$=\boxed{}$

12 $37-15=37-\boxed{}-5$
　　　　$=\boxed{}-5$
　　　　$=\boxed{}$

연산 in 문장제

문구점에 지우개 75개, 자 12개가 있습니다. 지우개는 자보다 몇 개 더 많은지 구해 보세요.

$$\underset{\text{지우개 수}}{75} - \underset{\text{자 수}}{12} = \underset{\text{지우개와 자 수의 차}}{63} \text{(개)}$$

	7	5
−	1	2
	6	3

13 민선이와 경인이가 종이비행기를 만들고 있습니다. 민선이는 38개, 경인이는 26개를 만들었습니다. 민선이는 경인이보다 몇 개 더 많이 만들었는지 구해 보세요.

➡ | | − | |

답 _____

14 수근이와 장훈이가 왕복 달리기를 하고 있습니다. 수근이가 69번 달렸고, 장훈이는 수근이보다 15번 적게 달렸습니다. 장훈이는 왕복 달리기를 몇 번 했는지 구해 보세요.

➡ | | − | |

답 _____

15 주차장에 자동차 77대가 있었는데 52대가 나갔습니다. 주차장에 남은 자동차는 몇 대인지 구해 보세요.

➡ | | − | |

답 _____

16 혜란이는 이번 해에 위인전 64권을 읽기로 하였습니다. 지금까지 31권을 읽었다면 더 읽어야 할 위인전은 몇 권인지 구해 보세요.

➡ | | − | |

답 _____

17 꽃집에서 장미 87송이 중에서 26송이를 판매하였습니다. 꽃집에 남은 장미는 몇 송이인지 구해 보세요.

➡ | | − | |

답 _____

맞힌 개수	나의 학습 결과에 ○표 하세요.				
	맞힌 개수	0~4개	5~9개	10~14개	15~17개
개 /17개	학습 방법	다시 한번 풀어 봐요.	계산 연습이 필요해요.	틀린 문제를 확인해요.	실수하지 않도록 집중해요.

QR 빠른정답 확인

🥕 뺄셈을 해 보세요.

1
```
    5 3
-     2
```

2
```
    6 7
-     3
```

3
```
    4 9
-     6
```

4
```
    9 5
-     3
```

5
```
    7 0
-   5 0
```

6
```
    6 0
-   1 0
```

7
```
    8 0
-   2 0
```

8
```
    4 0
-   3 0
```

9
```
    7 6
-   5 0
```

10
```
    5 4
-   3 0
```

11
```
    2 7
-   1 0
```

12
```
    6 8
-   2 0
```

13
```
    7 6
-   1 2
```

14
```
    5 5
-   2 4
```

15
```
    8 7
-   1 7
```

16
```
    4 8
-   4 6
```

17 78−2

18 29−3

19 47−1

20 65− 4

21 20−10

22 80−30

23 90−80

24 50−20

25 54−40

26 86−80

27 37−20

28 69−40

29 51−41

30 35−13

31 77−14

32 86−41

🥕 그림을 보고 뺄셈식을 만들려고 합니다. ☐ 안에 알맞은 수를 써넣으세요.

33
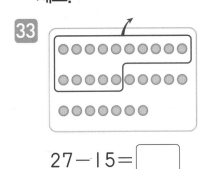

27−15= ☐

34

49−26= ☐

35

54− ☐ = ☐

36
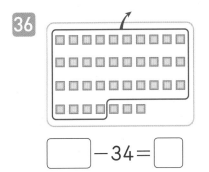

☐ −34= ☐

🥕 ☐ 안에 알맞은 수를 써넣으세요.

37 74−23
= ☐ +4−20−3
= ☐ +1
= ☐

38 67−41
=60+ ☐ −40−1
=20+ ☐
= ☐

39 18−12
=18− ☐ −10
= ☐ −10= ☐

40 79−33
=79− ☐ −30
= ☐ −30= ☐

41 97−41
=97− ☐ −1
= ☐ −1= ☐

42 84−54
=84− ☐ −4
= ☐ −4= ☐

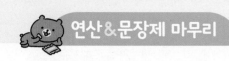

정답 16쪽

43 재민이가 젤리 28개 중에서 6개를 먹었습니다. 남은 젤리는 몇 개인지 구해 보세요.

연산 노트

답 _____

44 영철이는 연필 40자루 중에서 20자루를 친구들에게 나누어 주었습니다. 영철이에게 남은 연필은 몇 자루인지 구해 보세요.

답 _____

45 대윤이네 반 학생은 모두 24명입니다. 그중에서 10명은 체육 관에서 줄넘기를 하고 남은 학생은 교실에서 독서를 하고 있습 니다. 교실에서 독서를 하는 학생은 몇 명인지 구해 보세요.

답 _____

46 과일 가게에 사과가 63개, 배가 40개 있습니다. 사과는 배보 다 몇 개 더 많은지 구해 보세요.

답 _____

47 8월은 31일까지 있습니다. 석준이가 8월 한 달 동안 수영을 한 날을 세어 보니 21일이었습니다. 석준이가 8월에 수영을 하지 않은 날은 며칠인지 구해 보세요.

답 _____

48 정연이는 96쪽짜리 수학 문제집을 사서 오늘까지 41쪽을 풀 었습니다. 정연이가 문제집을 다 풀려면 몇 쪽을 더 풀어야 하 는지 구해 보세요.

답 _____

맞힌 개수	나의 학습 결과에 ○표 하세요.				QR 빠른정답 확인
	맞힌 개수	0~8개	9~24개	25~41개	42~48개	
개 / 48개	학습 방법	다시 한번 풀어 봐요.	계산 연습이 필요해요.	틀린 문제를 확인해요.	실수하지 않도록 집중해요.	

4

시각

1. 몇 시인지 알아보기

쓰기 **1**시

읽기 한 시

말풍선: 짧은바늘이 I, 긴바늘이 I2를 가리킬 때 시계는 I시를 나타내요.

🥕 시각을 써 보세요.

1  ☐ 시

2  ☐ 시

3  ☐ 시

4  ☐ 시

5  ☐ 시

6  ☐ 시

7  ☐ 시

8  ☐ 시

9  ☐ 시

10  ☐ 시

🥕 시각에 맞게 긴바늘을 나타내어 보세요. 🥕 시각에 맞게 짧은바늘을 나타내어 보세요.

11 4시

17 9시

12 1시

18 2시

13 7시

19 11시

14 10시

20 5시

15 3시

21 12시

16 8시

22 6시

맞힌 개수	나의 학습 결과에 ○표 하세요.			
	맞힌 개수	0~3개	4~11개	12~18개	19~22개
개 /22개	학습 방법	다시 한번 풀어 봐요.	계산 연습이 필요해요.	틀린 문제를 확인해요.	실수하지 않도록 집중해요.

1. 몇 시인지 알아보기

🥕 시각에 맞게 시곗바늘을 나타내어 보세요.

1
3시

2
12시

3
7시

4
6시

5
11시

6
2시

7

8

9

10

11

12

연산 in 문장제

채린이는 시계의 짧은바늘이 4, 긴바늘이 12를 가리킬 때 영어 숙제를 끝냈습니다. 채린이가 영어 숙제를 끝낸 시각을 구해 보세요.

시계의 짧은바늘이 4, 긴바늘이 12를 가리키는 시각은 <u>4시</u>입니다.

13 준형이가 손목시계를 보았을 때, 시계의 짧은바늘이 1, 긴바늘이 12를 가리키고 있습니다. 준형이가 손목시계를 보았을 때의 시각을 구해 보세요.

답 _____

14 지원이가 영화관에서 나오면서 벽시계를 보니 짧은바늘이 6, 긴바늘이 12를 가리키고 있습니다. 지원이가 영화관에서 나온 시각을 구해 보세요.

답 _____

15 현서와 친구들은 시계의 짧은바늘이 9, 긴바늘이 12를 가리킬 때 만나기로 약속했습니다. 현서와 친구들이 만나기로 한 시각을 구해 보세요.

답 _____

16 태용이가 시계탑을 바라보았을 때 짧은바늘과 긴바늘이 12에 겹쳐져 있었습니다. 태용이가 시계탑을 바라본 시각을 구해 보세요.

답 _____

맞힌 개수	나의 학습 결과에 ○표 하세요.				QR 빠른정답 확인
	맞힌 개수	0~3개	4~8개	9~13개	14~16개	
개 /16개	학습 방법	다시 한번 풀어 봐요.	계산 연습이 필요해요.	틀린 문제를 확인해요.	실수하지 않도록 집중해요.	

2. 몇 시 30분인지 알아보기

짧은바늘이 2와 3 사이,
긴바늘이 6을 가리킬 때
시계는 2시 30분을 나타내요.

쓰기 **2시 30분**

읽기 두 시 삼십 분

🥕 시각을 써 보세요.

1  ☐시 ☐분

2  ☐시 ☐분

3  ☐시 ☐분

4  ☐시 ☐분

5  ☐시 ☐분

6  ☐시 ☐분

7  ☐시 ☐분

8  ☐시 ☐분

9  ☐시 ☐분

10  ☐시 ☐분

🥕 시각에 맞게 긴바늘을 나타내어 보세요.　　🥕 시각에 맞게 짧은바늘을 나타내어 보세요.

11 10시 30분

17 1시 30분

12 5시 30분

18 8시 30분

13 3시 30분

19 6시 30분

14 9시 30분

20 4시 30분

15 11시 30분

21 2시 30분

16 7시 30분

22 12시 30분

맞힌 개수	나의 학습 결과에 ○표 하세요.			
	맞힌 개수	0~3개	4~11개	12~18개	19~22개
개 /22개	학습 방법	다시 한번 풀어 보요.	계산 연습이 필요해요.	틀린 문제를 확인해요.	실수하지 않도록 집중해요.

QR 빠른 정답 확인

04 일차   2. 몇 시 30분인지 알아보기

🥕 시각에 맞게 시곗바늘을 나타내어 보세요.

1 5시 30분

2 11시 30분

3 9시 30분

4 3시 30분

5 10시 30분

6 8시 30분

7 02:30

8 07:30

9 04:30

10 06:30

11 01:30

12 12:30

연산 in 문장제

경희는 시계의 짧은바늘이 4와 5 사이, 긴바늘이 6을 가리키고 있을 때 축구를 시작하였습니다. 경희가 축구를 시작한 시각을 구해 보세요.

시계의 짧은바늘이 4와 5 사이, 긴바늘이 6을 가리키는 시각은 <u>4</u>시 <u>30</u>분입니다.

13 승호가 잠자리에서 일어나 시계를 보니 짧은바늘이 7과 8 사이, 긴바늘이 6을 가리키고 있었습니다. 승호가 잠자리에서 일어난 시각을 구해 보세요.

→

답 _____

14 태형이는 짧은바늘이 10과 11 사이, 긴바늘이 6을 가리키고 있을 때 자전거를 타기 시작했습니다. 태형이가 자전거를 타기 시작한 시각을 구해 보세요.

→

답 _____

15 유진이가 방청소를 끝내고 시계를 보니 짧은바늘이 2와 3 사이, 긴바늘이 6을 가리키고 있었습니다. 유진이가 방청소를 끝낸 시각을 구해 보세요.

→

답 _____

16 청하가 집에 들어와서 시계를 보니 짧은바늘이 6과 7 사이, 긴바늘이 6을 가리키고 있었습니다. 청하가 집에 들어온 시각을 구해 보세요.

→

답 _____

맞힌 개수	나의 학습 결과에 ○표 하세요.				QR 빠른정답 확인
	맞힌 개수	0~3개	4~8개	9~13개	14~16개	
개 /16개	학습 방법	다시 한번 풀어 봐요.	계산 연습이 필요해요.	틀린 문제를 확인해요.	실수하지 않도록 집중해요.	

05 일차   연산 & 문장제 마무리

 시각을 써 보세요.

1  □ 시

2  □ 시 □ 분

3  □ 시 □ 분

4  □ 시

5  □ 시

6  □ 시 □ 분

7  □ 시 □ 분

8  □ 시

9  □ 시

10  □ 시 □ 분

11  □ 시

12  □ 시 □ 분

🥕 시각에 맞게 시곗바늘을 나타내어 보세요.

🥕 시곗바늘이 가리키는 시각을 구해 보세요.

13
7시 30분

19
짧은바늘: 9
긴바늘: 12
□시

14
4시

20
짧은바늘: 12와 1 사이
긴바늘: 6
□시 □분

15
10시

21
짧은바늘: 8과 9 사이
긴바늘: 6
□시 □분

16
2시 30분

22
짧은바늘: 6
긴바늘: 12
□시

17

23
짧은바늘: 11과 12 사이
긴바늘: 6
□시 □분

18
01:00

24
짧은바늘: 3
긴바늘: 12
□시

25 연경이가 줄넘기를 끝내고 시계를 보니 짧은바늘이 4, 긴바늘이 12를 가리키고 있습니다. 연경이가 줄넘기를 끝낸 시각을 구해 보세요.

답 _____

26 지호가 아침에 일어나 벽시계를 보니 짧은바늘이 8, 긴바늘이 12를 가리키고 있습니다. 지호가 일어난 시각을 구해 보세요.

답 _____

27 하린이가 백화점의 시계를 보니 짧은바늘은 땅을, 긴바늘은 하늘을 가리키며 숫자 '1'처럼 되어 있었습니다. 하린이가 시계를 보았을 때의 시각을 구해 보세요.

답 _____

28 승환이가 놀이터에서 놀다 시계를 보니 짧은바늘이 4와 5 사이, 긴바늘이 6을 가리키고 있었습니다. 승환이가 놀다 시계를 본 시각을 구해 보세요.

답 _____

29 수빈이가 수영장을 나오면서 입구의 시계를 보니 짧은바늘이 1과 2 사이, 긴바늘이 6을 가리키고 있었습니다. 수빈이가 입구의 시계를 본 시각을 구해 보세요.

답 _____

30 지원이네 가족은 여행을 가려고 공항으로 가고 있습니다. 아버지께서 시계를 보며 짧은바늘이 9와 10 사이, 긴바늘이 6을 가리키고 있다고 말씀하셨습니다. 아버지께서 말씀하신 시각을 구해 보세요.

답 _____

연산 노트

맞힌 개수	나의 학습 결과에 ○표 하세요.					QR 빠른 정답 확인
개 /30개	맞힌 개수	0~5개	6~17개	18~25개	26~30개	
	학습 방법	다시 한번 풀어 봐요.	계산 연습이 필요해요.	틀린 문제를 확인해요.	실수하지 않도록 집중해요.	

5

덧셈 (2)

$$1+3+4=8$$

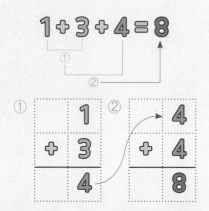

앞에 두 수를 먼저 더하고, 두 수를 더해 나온 수에 나머지 한 수를 더해요.

🥕 □ 안에 알맞은 수를 써넣으세요.

1 $2+6+1=$ □

$$\begin{array}{r} 2 \\ +\ 6 \\ \hline \square \end{array} \quad \begin{array}{r} \square \\ +\ 1 \\ \hline \square \end{array}$$

2 $2+1+3=$ □

$$\begin{array}{r} 2 \\ +\ 1 \\ \hline \square \end{array} \quad \begin{array}{r} \square \\ +\ 3 \\ \hline \square \end{array}$$

3 $1+4+3=$ □

$$\begin{array}{r} 1 \\ +\ 4 \\ \hline \square \end{array} \quad \begin{array}{r} \square \\ +\ 3 \\ \hline \square \end{array}$$

4 $1+4+2=$ □

$$\begin{array}{r} 1 \\ +\ 4 \\ \hline \square \end{array} \quad \begin{array}{r} \square \\ +\ 2 \\ \hline \square \end{array}$$

5 $7+1+1=$ □

$$\begin{array}{r} 7 \\ +\ 1 \\ \hline \square \end{array} \quad \begin{array}{r} \square \\ +\ 1 \\ \hline \square \end{array}$$

6 $4+1+3=$ □

$$\begin{array}{r} 4 \\ +\ 1 \\ \hline \square \end{array} \quad \begin{array}{r} \square \\ +\ 3 \\ \hline \square \end{array}$$

7 $1+5+3=$ □

$$\begin{array}{r} 1 \\ +\ 5 \\ \hline \square \end{array} \quad \begin{array}{r} \square \\ +\ 3 \\ \hline \square \end{array}$$

8 $2+2+2=$ □

$$\begin{array}{r} 2 \\ +\ 2 \\ \hline \square \end{array} \quad \begin{array}{r} \square \\ +\ 2 \\ \hline \square \end{array}$$

9 $5+1+2=$ □

$$\begin{array}{r} 5 \\ +\ 1 \\ \hline \square \end{array} \quad \begin{array}{r} \square \\ +\ 2 \\ \hline \square \end{array}$$

10 $1+2+3=$ □

$$\begin{array}{r} 1 \\ +\ 2 \\ \hline \square \end{array} \quad \begin{array}{r} \square \\ +\ 3 \\ \hline \square \end{array}$$

11 $2+2+1=$ □

$$\begin{array}{r} 2 \\ +\ 2 \\ \hline \square \end{array} \quad \begin{array}{r} \square \\ +\ 1 \\ \hline \square \end{array}$$

12 $1+5+2=$ □

$$\begin{array}{r} 1 \\ +\ 5 \\ \hline \square \end{array} \quad \begin{array}{r} \square \\ +\ 2 \\ \hline \square \end{array}$$

13 $1+3+1=$ □

$$\begin{array}{r} 1 \\ +\ 3 \\ \hline \square \end{array} \quad \begin{array}{r} \square \\ +\ 1 \\ \hline \square \end{array}$$

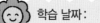

🥕 세 수의 덧셈을 해 보세요.

14 4+3+2

20 2+4+3

26 3+5+1

15 1+3+5

21 1+4+1

27 2+4+2

16 1+3+2

22 1+3+3

28 3+1+1

17 2+5+2

23 3+4+2

29 2+4+1

18 3+1+3

24 6+1+1

30 1+1+6

19 3+2+3

25 2+3+4

31 1+1+5

맞힌 개수	나의 학습 결과에 ○표 하세요.			
	맞힌 개수	0~6개	7~16개	17~28개	29~31개
개 /31개	학습 방법	다시 한번 풀어 봐요.	계산 연습이 필요해요.	틀린 문제를 확인해요.	실수하지 않도록 집중해요.

QR 빠른 정답 확인

🥕 □ 안에 알맞은 수를 써넣으세요.

1 6+1+2=□ ←

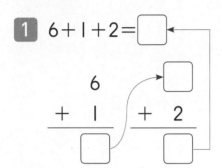

$$\begin{array}{r} 6 \\ +\ 1 \\ \hline \square \end{array}$$ →□ $$\begin{array}{r} \\ +\ 2 \\ \hline \square \end{array}$$

2 1+1+1=□ ←

$$\begin{array}{r} 1 \\ +\ 1 \\ \hline \square \end{array}$$ →□ $$\begin{array}{r} \\ +\ 1 \\ \hline \square \end{array}$$

3 4+4+1=□ ←

$$\begin{array}{r} 4 \\ +\ 4 \\ \hline \square \end{array}$$ →□ $$\begin{array}{r} \\ +\ 1 \\ \hline \square \end{array}$$

4 2+1+5=□ ←

$$\begin{array}{r} 2 \\ +\ 1 \\ \hline \square \end{array}$$ →□ $$\begin{array}{r} \\ +\ 5 \\ \hline \square \end{array}$$

5 1+2+2=□ ←

$$\begin{array}{r} 1 \\ +\ 2 \\ \hline \square \end{array}$$ →□ $$\begin{array}{r} \\ +\ 2 \\ \hline \square \end{array}$$

🥕 세 수의 덧셈을 해 보세요.

6 1+1+2

7 5+3+1

8 1+4+4

9 3+1+2

10 4+1+2

11 3+4+1

12 2+2+5

13 4+2+2

14 1+2+6

15 2+3+2

16 5+2+2

17 2+1+2

18 4+1+1

19 3+1+4

연산 in 문장제

미정이가 빨간색 파프리카 2개, 초록색 파프리카 1개, 노란색 파프리카 3개를 샀습니다. 미정이가 산 파프리카는 모두 몇 개인지 구해 보세요.

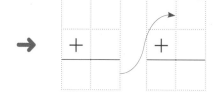

20 정환이의 필통에 빨간 색연필 3자루, 파란 색연필 2자루, 노란 색연필 2자루가 들어 있습니다. 정환이의 필통에 들어 있는 색연필은 모두 몇 자루인지 구해 보세요.

➡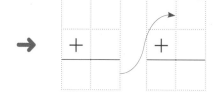

답 _____

21 냉장고에 오렌지주스 2병, 딸기주스 3병, 사과주스 1병이 들어 있습니다. 냉장고에 들어 있는 주스는 모두 몇 병인지 구해 보세요.

➡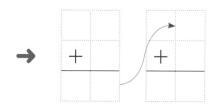

답 _____

22 제기를 기태는 4번, 기준이는 2번, 기영이는 3번 찼습니다. 세 사람이 찬 제기는 모두 몇 번인지 구해 보세요.

➡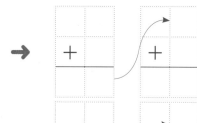

답 _____

23 희정이는 동화책을 금요일에 1권, 토요일에 2권, 일요일에 4권 읽었습니다. 희정이가 3일 동안 읽은 동화책은 모두 몇 권인지 구해 보세요.

➡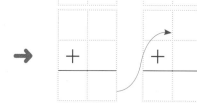

답 _____

24 소미네 가족은 분식집에서 떡볶이 3인분, 순대 1인분, 김밥 2인분을 주문했습니다. 소미네 가족은 모두 몇 인분을 주문했는지 구해 보세요.

➡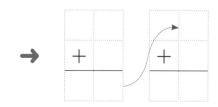

답 _____

맞힌 개수	나의 학습 결과에 ○표 하세요.			
맞힌 개수	0~4개	5~12개	13~21개	22~24개
학습 방법	다시 한번 풀어 봐요.	계산 연습이 필요해요.	틀린 문제를 확인해요.	실수하지 않도록 집중해요.

개 /24개

QR 빠른정답 확인

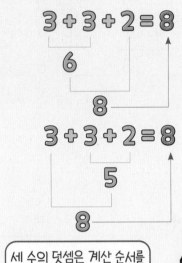

$3+3+2=8$

6

8

$3+3+2=8$

5

8

세 수의 덧셈은 계산 순서를 바꾸어 더해도 계산 결과는 같아요.

🥕 ☐ 안에 알맞은 수를 써넣으세요.

1 $1+1+3=\boxed{}$

2 $2+1+1=\boxed{}$

3 $1+6+1=\boxed{}$

4 $1+1+6=\boxed{}$

5 $2+2+5=\boxed{}$

6 $5+2+1=\boxed{}$

7 $3+1+1=\boxed{}$

8 $1+4+3=\boxed{}$

9 $4+1+2=\boxed{}$

10 $2+6+1=\boxed{}$

11 $2+3+3=\boxed{}$

12 $1+3+5=\boxed{}$

13 $5+1+1=\boxed{}$

🐹 세 수의 덧셈을 해 보세요.

14 2+3+1

15 3+3+1

16 7+1+1

17 6+1+2

18 4+2+3

19 4+3+1

20 1+2+5

21 1+2+1

22 3+2+4

23 1+2+3

24 4+1+4

25 2+2+1

26 2+1+5

27 5+1+3

28 1+3+1

29 1+1+4

30 2+1+4

31 1+5+2

맞힌 개수	나의 학습 결과에 ○표 하세요.				
	맞힌 개수	0~4개	5~16개	17~28개	29~31개
개 /31개	학습 방법	다시 한번 풀어 봐요.	계산 연습이 필요해요.	틀린 문제를 확인해요.	실수하지 않도록 집중해요.

QR 빠른정답 확인

2. 세 수의 덧셈 (2)

🥕 세 수의 합을 ☐ 안에 써넣으세요.

1
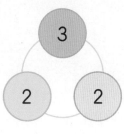

세 수의 덧셈은 계산 순서를 바꾸어 더해도 계산 결과가 같으니 편한 식을 만들어요.

7
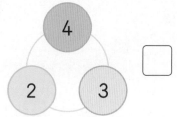

2
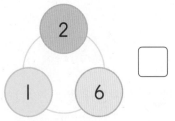

8
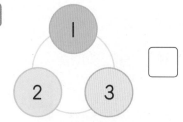

3
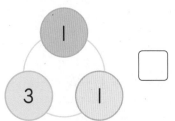

9
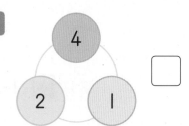

4
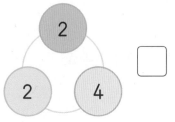

10
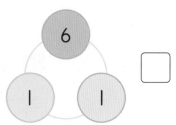

5
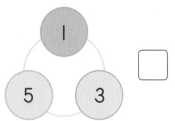

11
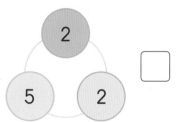

6
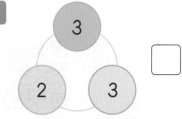

12
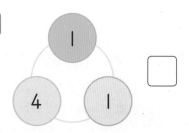

연산 in 문장제

윤지가 붙임 딱지를 모으고 있습니다. 그제 3장, 어제 3장, 오늘 1장을 모았다면 윤지가 3일 동안 모은 붙임 딱지는 모두 몇 장인지 구해 보세요.

$$\underset{\substack{\text{그제 모은}\\ \text{붙임 딱지 수}}}{3} + \underset{\substack{\text{어제 모은}\\ \text{붙임 딱지 수}}}{3} + \underset{\substack{\text{오늘 모은}\\ \text{붙임 딱지 수}}}{1} = \underset{\substack{\text{전체}\\ \text{붙임 딱지 수}}}{7}\text{(장)}$$

	3
+	3
	6

	6
+	1
	7

13 정재는 친구들과 피자를 먹고 있습니다. 정재는 3조각, 윤정이는 2조각, 형주는 1조각을 먹었다면 세 사람이 먹은 피자는 모두 몇 조각인지 구해 보세요.

답 _____

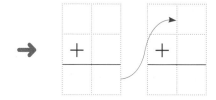

14 연희는 빨간색 풍선 1개, 파란색 풍선 5개, 노란색 풍선 2개를 가지고 있습니다. 연희가 가지고 있는 풍선은 모두 몇 개인지 구해 보세요.

답 _____

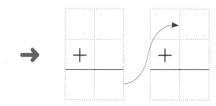

15 영수, 영식, 영철이가 팀을 이루어 농구를 하고 있습니다. 영수는 2골, 영식이는 1골, 영철이는 4골을 넣었다면 세 사람이 넣은 골은 모두 몇 골인지 구해 보세요.

답 _____

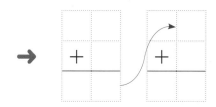

16 사탕을 흥민이는 1개, 시은이는 2개, 현아는 1개 가지고 있습니다. 세 사람이 가지고 있는 사탕은 모두 몇 개인지 구해 보세요.

답 _____

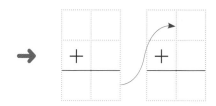

17 가위바위보에서 민호는 가위, 준호는 보, 재호는 가위를 냈습니다. 세 사람이 가위바위보에서 펼친 손가락은 모두 몇 개인지 구해 보세요.

답 _____

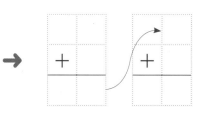

맞힌 개수	나의 학습 결과에 ◯표 하세요.				
	맞힌 개수	0~4개	5~9개	10~14개	15~17개
개 /17개	학습 방법	다시 한번 풀어 봐요.	계산 연습이 필요해요.	틀린 문제를 확인해요.	실수하지 않도록 집중해요.

QR 빠른정답 확인

8　**9 10 11 12**

$8 + 4 = 12$

8+4=12, 4+8=12와 같이 두 수를 바꾸어 더해도 결과는 같아요.

🥕 그림을 보고 ☐ 안에 알맞은 수를 써넣으세요.

1

7 ☐☐☐☐

$7 + 4 =$ ☐

2

$8 + 7 =$ ☐

3

$9 + 4 =$ ☐

4

$6 + 5 =$ ☐

5

$8 + 6 =$ ☐

6

$9 + 3 =$ ☐

7

$7 + 7 =$ ☐

8

$6 + 7 =$ ☐

9

$8 + 3 =$ ☐

10

$9 + 5 =$ ☐

11

$7 + 9 =$ ☐

🐿 그림을 보고 ☐ 안에 알맞은 수를 써넣으세요.

12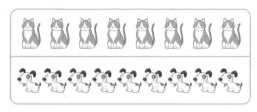

$8+9=$ ☐

16

$4+8=$ ☐

13

$7+6=$ ☐

17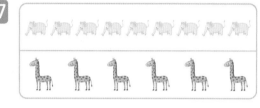

$9+6=$ ☐

14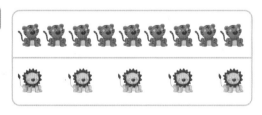

$9+5=$ ☐

18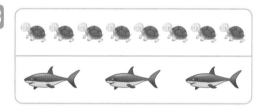

$8+3=$ ☐

15

$7+8=$ ☐

19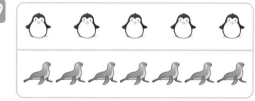

$5+7=$ ☐

맞힌 개수	나의 학습 결과에 ○표 하세요.				QR 빠른정답 확인
	맞힌 개수	0~4개	5~10개	11~16개	17~19개
개 /19개	학습 방법	다시 한번 풀어 봐요.	계산 연습이 필요해요.	틀린 문제를 확인해요.	실수하지 않도록 집중해요.

3. 두 수를 더하기

🥕 그림을 보고 □ 안에 알맞은 수를 써넣으세요.

1

$3+9=\boxed{}$

$9+3=\boxed{}$

2

$7+4=\boxed{}$

$4+7=\boxed{}$

3

$9+2=\boxed{}$

$2+9=\boxed{}$

4

$5+6=\boxed{}$

$6+5=\boxed{}$

5

$6+8=\boxed{}$

$8+6=\boxed{}$

6

$9+4=\boxed{}$

$4+9=\boxed{}$

🥕 □ 안에 알맞은 수를 써넣으세요.

7 $7+8=\boxed{}$

$8+7=\boxed{}$

8 $4+8=\boxed{}$

$8+4=\boxed{}$

9 $9+7=\boxed{}$

$7+9=\boxed{}$

10 $6+7=\boxed{}$

$7+6=\boxed{}$

11 $8+9=\boxed{}$

$9+8=\boxed{}$

12 $9+6=\boxed{}$

$6+9=\boxed{}$

연산 in 문장제

혜진이가 지금까지 7개의 초에 불을 붙였습니다. 아직 불을 붙여야 할 초가 5개 남았다면 초는 모두 몇 개인지 구해 보세요.

$$\underset{\text{불을 붙인 초 수}}{7} + \underset{\text{남은 초 수}}{5} = \underset{\text{전체 초 수}}{12}^{(개)}$$

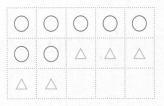

---

13 민수의 어머니께서 도넛 8개와 꽈배기 7개를 샀습니다. 민수의 어머니께서 산 도넛과 꽈배기는 모두 몇 개인지 구해 보세요.

답 _____

14 구슬을 봉수는 7개, 호영이는 6개 가지고 있습니다. 두 사람이 가진 구슬은 모두 몇 개인지 구해 보세요.

답 _____

15 종혁이는 아버지와 낚시를 갔습니다. 종혁이가 5마리, 아버지께서 9마리를 잡았습니다. 종혁이와 아버지가 잡은 물고기는 모두 몇 마리인지 구해 보세요.

답 _____

16 영주 어머니께서 막대 아이스크림 8개와 콘 아이스크림 4개를 사 오셨습니다. 영주 어머니께서 사 오신 아이스크림은 모두 몇 개인지 구해 보세요.

답 _____

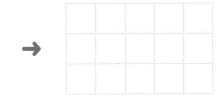

17 야구 경기에서 하늘 팀은 9점, 구름 팀은 6점으로 끝났습니다. 이 경기에서 두 팀이 낸 점수는 모두 몇 점인지 구해 보세요.

답 _____

맞힌 개수	나의 학습 결과에 ○표 하세요.				QR 빠른정답 확인
	맞힌 개수	0~3개	4~8개	9~14개	15~17개	
개 /17개	학습 방법	다시 한번 풀어 봐요.	계산 연습이 필요해요.	틀린 문제를 확인해요.	실수하지 않도록 집중해요.	

4. 10이 되는 더하기

2 + ? = 10
↓
2 + 8 = 10

2와 더해서 10이 되는 수는 8입니다.

🥕 그림을 보고 ☐ 안에 알맞은 수를 써넣으세요.

1

$7 + \boxed{} = 10$

2

$8 + \boxed{} = 10$

3

$4 + \boxed{} = 10$

4

$5 + \boxed{} = 10$

5

$9 + \boxed{} = 10$

6

$\boxed{} + 7 = 10$

7

$\boxed{} + 9 = 10$

8
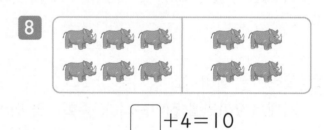

$\boxed{} + 4 = 10$

9
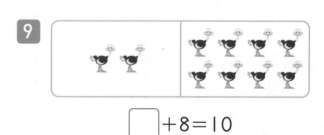

$\boxed{} + 8 = 10$

10
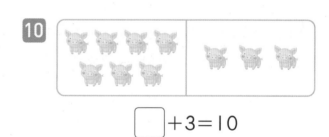

$\boxed{} + 3 = 10$

11
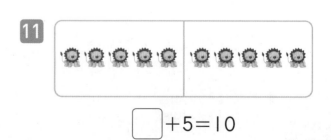

$\boxed{} + 5 = 10$

🥕 □ 안에 알맞은 수를 써넣으세요.

12 8+□=10 　　18 1+□=10 　　24 □+5=10

13 9+□=10 　　19 3+□=10 　　25 □+6=10

14 4+□=10 　　20 7+□=10 　　26 □+3=10

15 2+□=10 　　21 □+1=10 　　27 □+2=10

16 5+□=10 　　22 □+4=10 　　28 □+7=10

17 6+□=10 　　23 □+8=10 　　29 □+9=10

맞힌 개수	나의 학습 결과에 ○표 하세요.			
	맞힌 개수	0~4개	5~15개	16~25개	26~29개
개 /29개	학습 방법	다시 한번 풀어 봐요.	계산 연습이 필요해요.	틀린 문제를 확인해요.	실수하지 않도록 집중해요.

QR 빠른정답 확인

4. 10이 되는 더하기

10이 되도록 빈칸에 ○를 그려 넣고, □ 안에 알맞은 수를 써넣으세요.

□ 안에 알맞은 수를 써넣으세요.

1

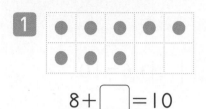

$8 + \boxed{} = 10$

2

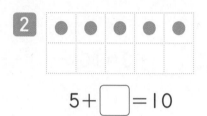

$5 + \boxed{} = 10$

3

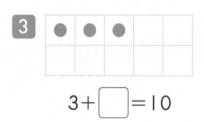

$3 + \boxed{} = 10$

4

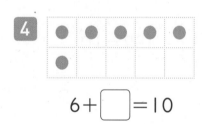

$6 + \boxed{} = 10$

5

$9 + \boxed{} = 10$

6

$2 + \boxed{} = 10$

7 $\boxed{} + 8 = 10$

8 $6 + \boxed{} = 10$

9 $7 + \boxed{} = 10$

10 $\boxed{} + 1 = 10$

11 $\boxed{} + 6 = 10$

12 $\boxed{} + 7 = 10$

13 $4 + \boxed{} = 10$

14 $3 + \boxed{} = 10$

15 $9 + \boxed{} = 10$

16 $2 + \boxed{} = 10$

17 $\boxed{} + 2 = 10$

18 $\boxed{} + 4 = 10$

19 $\boxed{} + 9 = 10$

20 $5 + \boxed{} = 10$

연산 in 문장제

어항 속에 금붕어가 6마리 있었는데 몇 마리를 더 사다 넣었더니 모두 10마리가 되었습니다. 더 사다 넣은 금붕어는 몇 마리인지 구해 보세요.

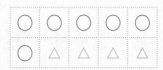

$$\underset{\text{처음 금붕어 수}}{6} \; + \; \underset{\substack{\text{더 사다 넣은}\\\text{금붕어 수}}}{\boxed{4}} \; = \; \underset{\text{전체 금붕어 수}}{10} \text{(마리)}$$

---

21 재원이는 지금까지 위인전을 7권 읽었습니다. 위인전을 10권 읽으려면 앞으로 몇 권을 더 읽으면 되는지 구해 보세요.

→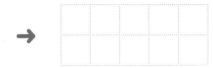

답 _____

22 호준이는 풍선을 4개 불었습니다. 유미가 분 풍선과 함께 모아 보니 풍선은 모두 10개가 되었습니다. 유미가 분 풍선은 몇 개인지 구해 보세요.

→

답 _____

23 미호는 연필 8자루를 가지고 있었는데 언니에게 몇 자루를 받았더니 모두 10자루가 되었습니다. 언니에게 받은 연필은 몇 자루인지 구해 보세요.

→

답 _____

24 버스에 5명이 타고 있었는데 몇 명이 더 탔더니 모두 10명이 되었습니다. 버스에 더 탄 사람은 몇 명인지 구해 보세요.

→

답 _____

25 연못에 오리 2마리가 있었는데 잠시 후에 몇 마리의 오리가 더 와서 모두 10마리가 되었습니다. 더 온 오리는 몇 마리인지 구해 보세요.

→

답 _____

맞힌 개수	나의 학습 결과에 ○표 하세요.				QR 빠른정답 확인
	맞힌 개수	0~5개	6~13개	14~21개	22~25개	
개 /25개	학습 방법	다시 한번 풀어 봐요.	계산 연습이 필요해요.	틀린 문제를 확인해요.	실수하지 않도록 집중해요.	

5. 10을 만들어 더하기

$8+2+5=15$
10
15

$8+6+4=18$
10
18

세 수 중에서 합이 10이
되는 두 수 1과 9, 2와 8,
3과 7, 4와 6, 5와 5를
먼저 더해요.

🥕 □ 안에 알맞은 수를 써넣
으세요.

1 $3+7+5=$ ▢

2 $9+1+6=$ ▢

3 $4+6+7=$ ▢

4 $2+8+4=$ ▢

5 $5+5+9=$ ▢

6 $6+4+8=$ ▢

7 $3+9+1=$ ▢

8 $9+2+8=$ ▢

9 $2+5+5=$ ▢

10 $4+7+3=$ ▢

11 $5+6+4=$ ▢

12 $8+8+2=$ ▢

13 $6+3+7=$ ▢

🥕 세 수의 덧셈을 해 보세요.

14 $7+3+4$

15 $2+8+1$

16 $1+9+6$

17 $6+4+9$

18 $5+5+2$

19 $4+6+3$

20 $5+2+8$

21 $2+7+3$

22 $8+5+5$

23 $7+8+2$

24 $4+1+9$

25 $6+6+4$

26 $4+1+6$

 더해서 10이 되는 두 수를 먼저 찾아요.

27 $1+7+9$

28 $5+9+5$

29 $7+5+3$

30 $6+2+4$

31 $6+8+4$

맞힌 개수	나의 학습 결과에 ○표 하세요.					QR 빠른정답 확인
	맞힌 개수	0~4개	5~16개	17~28개	29~31개	
개 /31개	학습 방법	다시 한번 풀어 봐요.	계산 연습이 필요해요.	틀린 문제를 확인해요.	실수하지 않도록 집중해요.	

10일차 5. 10을 만들어 더하기

🥕 세 수의 합을 □ 안에 써넣으세요.

1

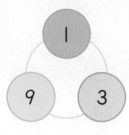

더해서 10이 되는
두 수를 먼저 찾아요.

2

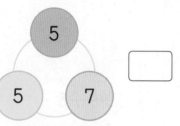

3

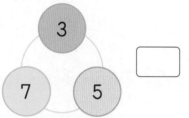

4

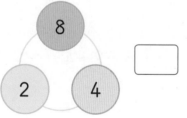

5

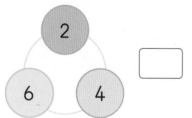

6

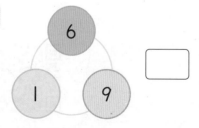

7

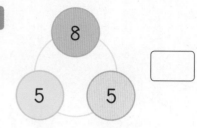

8

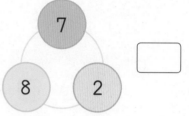

9

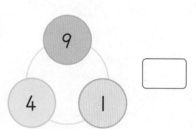

10

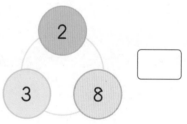

11

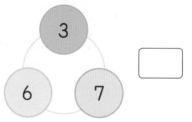

12

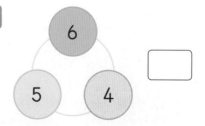

연산 in 문장제

사과 6개, 배 4개, 감 8개가 있습니다. 과일은 모두 몇 개인지 구해 보세요.

$$6 + 4 + 8 = 18(개)$$

사과 수 배 수 감 수 전체 과일 수

10이 되는 두 수를 먼저 찾아 더하는 것부터 시작이예요.

13 꽃병에 장미 3송이, 튤립 7송이, 국화 5송이가 꽂혀 있습니다. 꽃병에 꽂혀 있는 꽃은 모두 몇 송이인지 구해 보세요.

답 _____

14 무성이가 500원짜리 동전 2개, 100원짜리 동전 8개, 10원짜리 동전 7개를 가지고 있습니다. 무성이가 가진 동전은 모두 몇 개인지 구해 보세요.

답 _____

15 계란빵을 수근이가 8개, 호동이가 9개, 희철이가 1개를 먹었습니다. 세 사람이 먹은 계란빵은 모두 몇 개인지 구해 보세요.

답 _____

16 재명이는 딱지 4장을 가지고 있었는데 근영이에게 4장, 교준이에게 6장을 받았습니다. 재명이가 가진 딱지는 모두 몇 장이 되었는지 구해 보세요.

답 _____

17 윤석이는 파란 색연필 5자루, 노란 색연필 2자루, 초록 색연필 5자루를 가지고 있습니다. 윤석이가 가진 색연필은 모두 몇 자루인지 구해 보세요.

답 _____

맞힌 개수	나의 학습 결과에 ○표 하세요.				
	맞힌 개수	0~4개	5~9개	10~14개	15~17개
개 /17개	학습 방법	다시 한번 풀어 봐요.	계산 연습이 필요해요.	틀린 문제를 확인해요.	실수하지 않도록 집중해요.

QR 빠른정답 확인

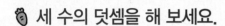 세 수의 덧셈을 해 보세요.

1   5+1+2

2   1+1+3

3   2+1+3

4   4+2+1

5   2+2+2

6   1+5+3

7   1+3+4

8   2+1+1

9   2+2+4

10   4+4+1

11   1+2+2

12   2+5+1

13   1+4+2

14   2+6+1

🥕 그림을 보고 ☐ 안에 알맞은 수를 써넣으세요.

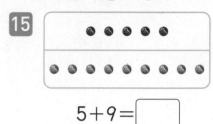

15   5+9=☐

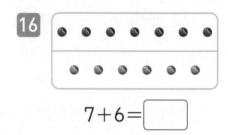

16   7+6=☐

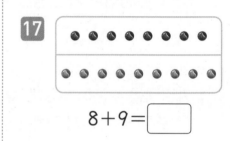

17   8+9=☐

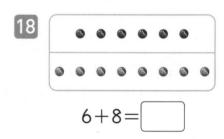

18   6+8=☐

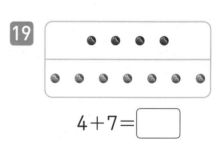

19   4+7=☐

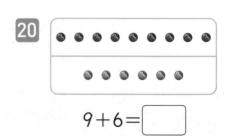

20   9+6=☐

☘ □ 안에 알맞은 수를 써넣으세요.

21 $7 + \square = 10$

22 $4 + \square = 10$

23 $\square + 2 = 10$

24 $\square + 9 = 10$

25 $3 + \square = 10$

26 $6 + \square = 10$

27 $5 + \square = 10$

☘ 세 수의 덧셈을 해 보세요.

28 $3 + 7 + 5$

29 $8 + 2 + 4$

30 $4 + 6 + 2$

31 $1 + 9 + 8$

32 $5 + 5 + 7$

33 $6 + 4 + 3$

34 $2 + 8 + 6$

35 $3 + 4 + 6$

36 $5 + 6 + 4$

37 $7 + 9 + 1$

38 $1 + 5 + 5$

39 $5 + 8 + 2$

40 $9 + 3 + 7$

41 $6 + 1 + 9$

42 냉장고 안에 사과주스 3병, 오렌지주스 4병, 포도주스 2병이 들어 있습니다. 냉장고 안에 있는 주스는 모두 몇 병인지 구해 보세요.

답 _____

43 상윤이의 책꽂이에는 수학 문제집 3권, 국어 문제집 1권, 과학 문제집 1권이 꽂혀 있습니다. 상윤이의 책꽂이에 꽂혀 있는 문제집은 모두 몇 권인지 구해 보세요.

답 _____

44 유미는 종이학을 어제 8개, 오늘 5개 접었습니다. 유미가 어제와 오늘 접은 종이학은 모두 몇 개인지 구해 보세요.

답 _____

45 우리 안에 돼지 6마리가 있었는데 오늘 새끼 돼지 몇 마리가 태어나 모두 10마리가 되었습니다. 오늘 태어난 새끼 돼지는 몇 마리인지 구해 보세요.

답 _____

46 장바구니에 토마토 7개, 감 3개, 귤 9개가 들어 있습니다. 장바구니에 들어 있는 과일은 모두 몇 개인지 구해 보세요.

답 _____

47 야구 경기에서 얻은 점수를 나타낸 것입니다. 세 번의 경기에서 1반이 얻은 점수는 모두 몇 점인지 구해 보세요.

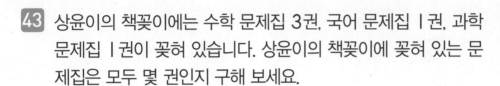

1경기	1반	2반	2경기	1반	2반	3경기	1반	2반
	5점	2점		8점	7점		2점	6점

답 _____

연산 노트

맞힌 개수	나의 학습 결과에 ○표 하세요.				QR 빠른정답 확인
	맞힌 개수	0~8개	9~24개	25~41개	42~47개	
개 /47개	학습 방법	다시 한번 풀어 봐요.	계산 연습이 필요해요.	틀린 문제를 확인해요.	실수하지 않도록 집중해요.	

6

뺄셈 (2)

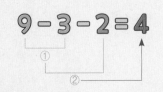

$$9 - 3 - 2 = 4$$

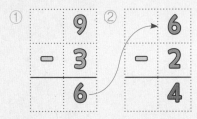

앞의 두 수의 뺄셈을 먼저 하고, 그 수에서 나머지 한 수를 빼요.

🥕 □ 안에 알맞은 수를 써넣으세요.

1 $9 - 2 - 5 = \boxed{}$

$$\begin{array}{r} 9 \\ - 2 \\ \hline \boxed{} \end{array} \quad \begin{array}{r} \boxed{} \\ - 5 \\ \hline \boxed{} \end{array}$$

2 $7 - 4 - 2 = \boxed{}$

$$\begin{array}{r} 7 \\ - 4 \\ \hline \boxed{} \end{array} \quad \begin{array}{r} \boxed{} \\ - 2 \\ \hline \boxed{} \end{array}$$

3 $8 - 1 - 3 = \boxed{}$

$$\begin{array}{r} 8 \\ - 1 \\ \hline \boxed{} \end{array} \quad \begin{array}{r} \boxed{} \\ - 3 \\ \hline \boxed{} \end{array}$$

4 $6 - 1 - 1 = \boxed{}$

$$\begin{array}{r} 6 \\ - 1 \\ \hline \boxed{} \end{array} \quad \begin{array}{r} \boxed{} \\ - 1 \\ \hline \boxed{} \end{array}$$

5 $9 - 7 - 1 = \boxed{}$

$$\begin{array}{r} 9 \\ - 7 \\ \hline \boxed{} \end{array} \quad \begin{array}{r} \boxed{} \\ - 1 \\ \hline \boxed{} \end{array}$$

6 $7 - 1 - 3 = \boxed{}$

$$\begin{array}{r} 7 \\ - 1 \\ \hline \boxed{} \end{array} \quad \begin{array}{r} \boxed{} \\ - 3 \\ \hline \boxed{} \end{array}$$

7 $6 - 2 - 2 = \boxed{}$

$$\begin{array}{r} 6 \\ - 2 \\ \hline \boxed{} \end{array} \quad \begin{array}{r} \boxed{} \\ - 2 \\ \hline \boxed{} \end{array}$$

8 $9 - 3 - 1 = \boxed{}$

$$\begin{array}{r} 9 \\ - 3 \\ \hline \boxed{} \end{array} \quad \begin{array}{r} \boxed{} \\ - 1 \\ \hline \boxed{} \end{array}$$

9 $8 - 2 - 1 = \boxed{}$

$$\begin{array}{r} 8 \\ - 2 \\ \hline \boxed{} \end{array} \quad \begin{array}{r} \boxed{} \\ - 1 \\ \hline \boxed{} \end{array}$$

10 $6 - 3 - 1 = \boxed{}$

$$\begin{array}{r} 6 \\ - 3 \\ \hline \boxed{} \end{array} \quad \begin{array}{r} \boxed{} \\ - 1 \\ \hline \boxed{} \end{array}$$

11 $9 - 2 - 1 = \boxed{}$

$$\begin{array}{r} 9 \\ - 2 \\ \hline \boxed{} \end{array} \quad \begin{array}{r} \boxed{} \\ - 1 \\ \hline \boxed{} \end{array}$$

12 $7 - 3 - 2 = \boxed{}$

$$\begin{array}{r} 7 \\ - 3 \\ \hline \boxed{} \end{array} \quad \begin{array}{r} \boxed{} \\ - 2 \\ \hline \boxed{} \end{array}$$

13 $8 - 2 - 3 = \boxed{}$

$$\begin{array}{r} 8 \\ - 2 \\ \hline \boxed{} \end{array} \quad \begin{array}{r} \boxed{} \\ - 3 \\ \hline \boxed{} \end{array}$$

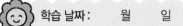

🥕 세 수의 뺄셈을 해 보세요.

14 9 − 3 − 5

15 6 − 2 − 3

16 9 − 1 − 2

17 9 − 5 − 2

18 7 − 3 − 1

19 8 − 2 − 2

20 8 − 1 − 2

21 6 − 4 − 1

22 7 − 3 − 3

23 9 − 4 − 2

24 8 − 1 − 1

25 9 − 3 − 4

26 9 − 5 − 1

27 8 − 3 − 3

28 6 − 3 − 2

29 7 − 2 − 1

30 6 − 1 − 4

31 9 − 3 − 3

맞힌 개수	나의 학습 결과에 ○표 하세요.				QR 빠른 정답 확인
	맞힌 개수	0~6개	7~16개	17~28개	29~31개	
개 /31개	학습 방법	다시 한번 풀어 봐요.	계산 연습이 필요해요.	틀린 문제를 확인해요.	실수하지 않도록 집중해요.	

1. 세 수의 뺄셈 (1)

🥕 □ 안에 알맞은 수를 써넣으세요.

1 8 − 3 − 1 = □

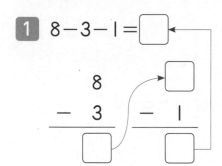

```
    8
−   3
─────
  □
```

2 8 − 1 − 2 = □

```
    8
−   1        − 2
─────
  □
```

3 7 − 1 − 5 = □

```
    7
−   1        − 5
─────
  □
```

4 7 − 3 − 1 = □

```
    7
−   3        − 1
─────
  □
```

5 9 − 1 − 4 = □

```
    9
−   1        − 4
─────
  □
```

🥕 세 수의 뺄셈을 해 보세요.

6 4 − 1 − 2

7 8 − 2 − 1

8 9 − 4 − 4

9 6 − 1 − 2

10 7 − 1 − 2

11 6 − 3 − 1

12 9 − 2 − 2

13 8 − 3 − 2

14 9 − 2 − 4

15 7 − 3 − 2

16 9 − 5 − 3

17 5 − 1 − 2

18 9 − 1 − 1

19 8 − 4 − 2

연산 in 문장제

삶은 감자가 8개 있었는데 언니가 3개, 지혜가 2개를 먹었습니다. 남은 감자는 몇 개인지 구해 보세요.

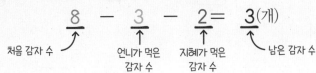

$8 - 3 - 2 = 3$(개)

처음 감자 수: 8, 언니가 먹은 감자 수: 3, 지혜가 먹은 감자 수: 2, 남은 감자 수: 3

	8
−	3
	5

	5
−	2
	3

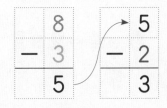

20 피자 8조각 중에서 상현이가 2조각, 상민이가 1조각을 먹었습니다. 남은 피자는 몇 조각인지 구해 보세요.

답 ______________

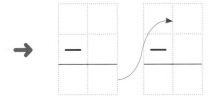

21 도넛 7개 중에서 건식이가 3개, 동생이 2개를 먹었습니다. 남은 도넛은 몇 개인지 구해 보세요.

답 ______________

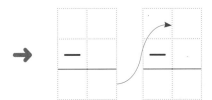

22 요한이는 딱지 6장 중에서 형에게 2장, 동생에게 1장을 주었습니다. 요한이에게 남은 딱지는 몇 장인지 구해 보세요.

답 ______________

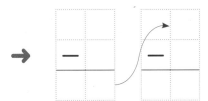

23 버스에 승객이 5명이 타고 있었는데 지난 정류장에서 2명이 내리고 이번 정류장에서 2명이 내렸습니다. 새로 탄 승객이 없다면 버스에 남은 승객은 몇 명인지 구해 보세요.

답 ______________

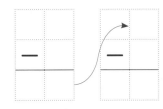

24 우산꽂이에 꽂혀 있는 우산 9개 중에서 2개는 빨간색 우산, 5개는 검은색 우산, 나머지는 흰색 우산입니다. 흰색 우산은 몇 개인지 구해 보세요.

답 ______________

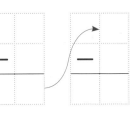

맞힌 개수: 개 /24개

나의 학습 결과에 ○표 하세요.

맞힌 개수	0~4개	5~12개	13~21개	22~24개
학습 방법	다시 한번 풀어 봐요.	계산 연습이 필요해요.	틀린 문제를 확인해요.	실수하지 않도록 집중해요.

QR 빠른 정답 확인

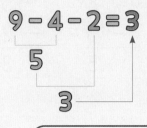

세 수의 뺄셈은 반드시 앞에서
부터 계산해요. 다음과 같이
잘못 계산하면 안 돼요.
9-4-2=7

4 6-3-2=□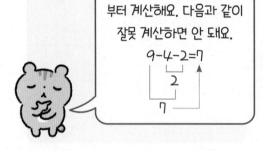

9 9-5-1=□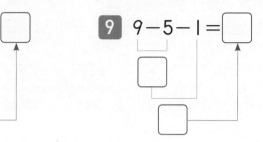

5 8-2-1=□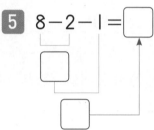

10 7-1-6=□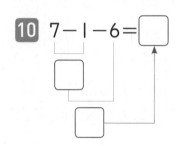

🥕 □ 안에 알맞은 수를 써넣
으세요.

1 7-4-2=□

6 9-4-5=□

11 5-2-1=□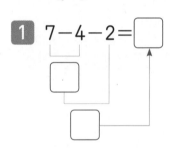

2 8-1-3=□

7 7-2-2=□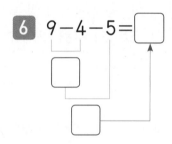

12 9-2-3=□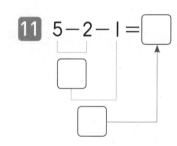

3 9-2-5=□

8 6-1-4=□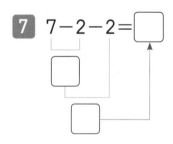

13 8-1-5=□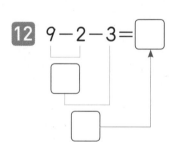

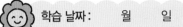

🐰 세 수의 뺄셈을 해 보세요.

14 $9-1-3$

15 $5-3-1$

16 $4-1-1$

17 $9-2-1$

18 $9-1-5$

19 $8-3-1$

20 $8-2-5$

21 $7-4-1$

22 $6-2-4$

23 $6-2-2$

24 $9-1-4$

25 $5-2-2$

26 $8-5-2$

27 $9-3-1$

28 $8-1-6$

29 $6-3-3$

30 $7-2-3$

31 $9-5-4$

맞힌 개수	나의 학습 결과에 ○표 하세요.				
	맞힌 개수	0~4개	5~16개	17~28개	29~31개
개 /31개	학습 방법	다시 한번 풀어 봐요.	계산 연습이 필요해요.	틀린 문제를 확인해요.	실수하지 않도록 집중해요.

QR 빠른 정답 확인

🥕 가장 큰 수에서 나머지 두 수를 빼어 ☐ 안에 써넣으세요.

1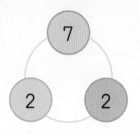

뺄셈식은 7−2−2가 되요.

2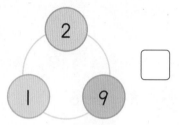

3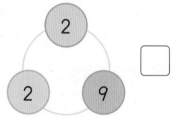

4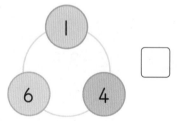

5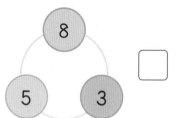

6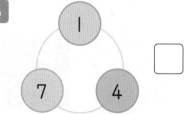

7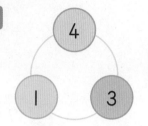

8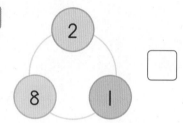

9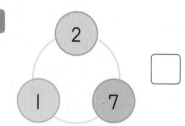

10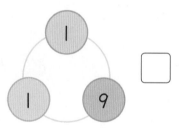

11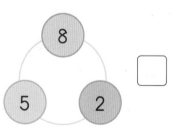

12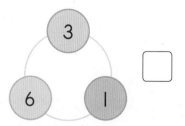

연산 in 문장제

달걀 9개 중에서 3개는 프라이로 먹고, 4개는 삶아서 먹었습니다. 남은 달걀은 몇 개인지 구해 보세요.

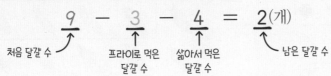

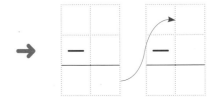

13 지연이는 가위바위보 8번 중에서 4번은 이기고 3번은 졌습니다. 지연이가 가위바위보를 비긴 경우는 몇 번인지 구해 보세요.

→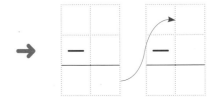

답 _____

14 완선이의 책꽂이에는 문제집이 7권 꽂혀 있습니다. 그중에서 국어 문제집이 2권, 사회 문제집이 2권이고, 나머지는 과학 문제집입니다. 과학 문제집은 몇 권인지 구해 보세요.

→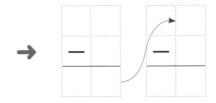

답 _____

15 가게에 호빵이 9개 있습니다. 그중에서 야채호빵이 2개, 피자호빵이 2개이고, 나머지는 단팥호빵입니다. 단팥호빵은 몇 개인지 구해 보세요.

→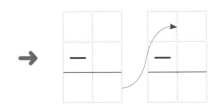

답 _____

16 문영이네 반에서 보물찾기 놀이를 하였습니다. 보물은 모두 8개이고, 1모둠이 5개, 2모둠이 1개를 찾았습니다. 아직 찾지 못한 보물은 몇 개인지 구해 보세요.

→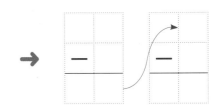

답 _____

17 경희 어머니께서 귤 9개를 사 오셨습니다. 경희가 4개를 먹고, 1개는 썩어서 버렸습니다. 남은 귤은 몇 개인지 구해 보세요.

→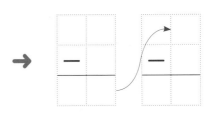

답 _____

맞힌 개수	나의 학습 결과에 ○표 하세요.				
	맞힌 개수	0~4개	5~9개	10~14개	15~17개
개 / 17개	학습 방법	다시 한번 풀어 봐요.	계산 연습이 필요해요.	틀린 문제를 확인해요.	실수하지 않도록 집중해요.

QR 빠른 정답 확인

3. 10에서 빼기

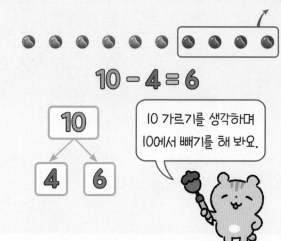

$$10 - 4 = 6$$

10

4 6

10 가르기를 생각하며
10에서 빼기를 해 봐요.

🥕 그림을 보고 ☐ 안에 알맞은 수를 써넣으세요.

1

$$10-2=\boxed{}$$

2

$$10-5=\boxed{}$$

3

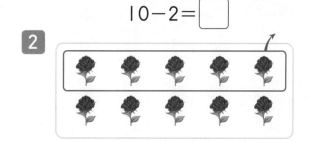

$$10-6=\boxed{}$$

4

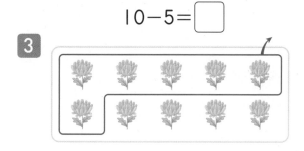

$$10-3=\boxed{}$$

5

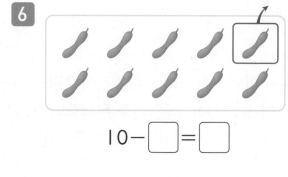

$$10-\boxed{}=\boxed{}$$

6

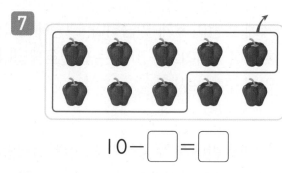

$$10-\boxed{}=\boxed{}$$

7

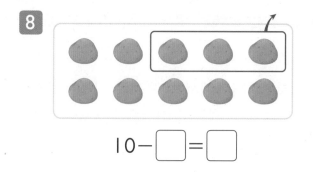

$$10-\boxed{}=\boxed{}$$

8

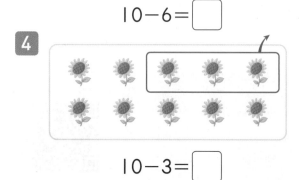

$$10-\boxed{}=\boxed{}$$

9

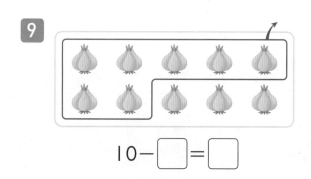

$$10-\boxed{}=\boxed{}$$

☐ 안에 알맞은 수를 써넣으세요.

10 $10-3=\boxed{}$

16 $10-8=\boxed{}$

22 $10-\boxed{}=8$

11 $10-6=\boxed{}$

17 $10-5=\boxed{}$

23 $10-\boxed{}=4$

12 $10-1=\boxed{}$

18 $10-7=\boxed{}$

24 $10-\boxed{}=1$

13 $10-2=\boxed{}$

19 $10-\boxed{}=2$

25 $10-\boxed{}=6$

14 $10-4=\boxed{}$

20 $10-\boxed{}=7$

26 $10-\boxed{}=3$

15 $10-9=\boxed{}$

21 $10-\boxed{}=9$

27 $10-\boxed{}=5$

맞힌 개수	나의 학습 결과에 ○표 하세요.			
	맞힌 개수	0~4개	5~14개	15~23개	24~27개
개 / 27개	학습 방법	다시 한번 풀어 봐요.	계산 연습이 필요해요.	틀린 문제를 확인해요.	실수하지 않도록 집중해요.

QR 빠른 정답 확인

🥕 그림을 보고 ☐ 안에 알맞은 수를 써넣으세요.

1

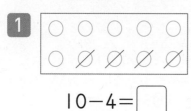

$10-4=$ ☐

2

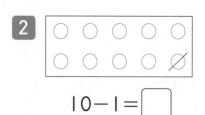

$10-1=$ ☐

3

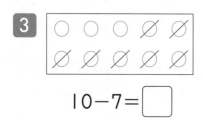

$10-7=$ ☐

4

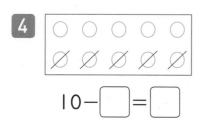

$10-$ ☐ $=$ ☐

5

$10-$ ☐ $=$ ☐

6

$10-$ ☐ $=$ ☐

🥕 ☐ 안에 알맞은 수를 써넣으세요.

7 $10-7=$ ☐

8 $10-6=$ ☐

9 $10-8=$ ☐

10 $10-9=$ ☐

11 $10-4=$ ☐

12 $10-3=$ ☐

13 $10-5=$ ☐

14 $10-$ ☐ $=9$

15 $10-$ ☐ $=5$

16 $10-$ ☐ $=7$

17 $10-$ ☐ $=8$

18 $10-$ ☐ $=1$

19 $10-$ ☐ $=4$

20 $10-$ ☐ $=2$

연산 in 문장제

현수는 도화지 10장을 가지고 있었는데 미술 시간에 3장을 사용하였습니다. 현수에게 남은 도화지는 몇 장인지 구해 보세요.

$$\underset{\text{처음 도화지 수}}{10} - \underset{\text{사용한 도화지 수}}{3} = \underset{\text{남은 도화지 수}}{7}(\text{장})$$

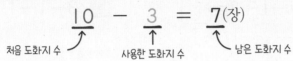

21 은민이는 볼링공을 던져서 볼링핀 10개 중에서 9개를 쓰러뜨렸습니다. 쓰러지지 않은 볼링핀은 몇 개인지 구해 보세요.

답 _____

22 대영이는 초콜릿 10개를 사서 2개를 먹고 나머지는 친구들에게 나누어 주었습니다. 대영이가 친구들에게 나누어 준 초콜릿은 몇 개인지 구해 보세요.

답 _____

23 장군이는 축구 연습을 하고 있습니다. 10번의 페널티킥을 차서 7번을 실패했다면 장군이가 성공한 킥은 몇 번인지 구해 보세요.

답 _____

24 체육관에서 10명이 농구 경기를 하고 있었는데 잠시 후에 4명이 집으로 돌아갔습니다. 체육관에 남아 있는 사람은 몇 명인지 구해 보세요.

답 _____

25 애영이는 케이크에 초 10개를 꽂고 불을 붙였습니다. 언니가 한 번 불어서 5개의 촛불이 꺼졌다면 불이 꺼지지 않은 초는 몇 개인지 구해 보세요.

답 _____

맞힌 개수	나의 학습 결과에 ○표 하세요.				
	맞힌 개수	0~5개	6~13개	14~21개	22~25개
개 / 25개	학습 방법	다시 한번 풀어 봐요.	계산 연습이 필요해요.	틀린 문제를 확인해요.	실수하지 않도록 집중해요.

QR 빠른 정답 확인

🥕 □ 안에 알맞은 수를 써넣으세요.

1　8−1−1=□ ←

8
−　1　　−　1
□　　　□

2　9−4−2=□ ←

9
−　4　　−　2
□　　　□

3　7−3−3=□ ←

7
−　3　　−　3
□　　　□

4　6−1−2=□ ←

6
−　1　　−　2
□　　　□

5　5−3−2=□ ←

5
−　3　　−　2
□　　　□

6　6−1−3=□

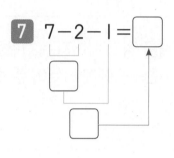

7　7−2−1=□

8　9−2−4=□

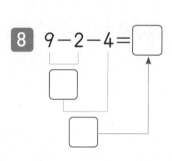

9　8−6−2=□

10　6−3−1=□

🥕 세 수의 뺄셈을 해 보세요.

11　3−1−1

12　8−2−4

13　9−3−2

14　7−4−2

15　8−5−1

16　7−1−6

17　9−4−3

18 8−3−4

19 9−3−6

20 7−5−1

21 8−1−4

22 5−2−1

23 9−2−6

24 6−2−1

🥕 그림을 보고 □ 안에 알맞은 수를 써넣으세요.

25
10−3=□

26
10−6=□

27
10−5=□

28
10−□=□

29
10−□=□

30
10−□=□

🥕 □ 안에 알맞은 수를 써넣으세요.

31 10−□=3

32 10−□=1

33 10−□=8

34 10−□=4

35 10−□=5

36 10−□=7

37 10−□=6

정답 26쪽

38 선호, 영아, 지율이네 가족은 모두 9명입니다. 선호네 가족이 3명, 영아네 가족이 3명이라면 지율이네 가족은 몇 명인지 구해 보세요.

답 _____

39 동우가 아이스크림 6개를 샀습니다. 그중에서 2개는 먹고, 3개는 친구들에게 주었습니다. 남은 아이스크림은 몇 개인지 구해 보세요.

답 _____

40 유진이는 부모님께 구두닦이 쿠폰 7장을 드렸습니다. 지난 달에 아버지께서 2장을, 어머니께서 3장을 사용하셨습니다. 부모님에게 남은 쿠폰은 몇 장인지 구해 보세요.

답 _____

41 애경이는 수학 문제 10개 중에서 9개를 맞혔습니다. 애경이가 틀린 문제는 몇 개인지 구해 보세요.

답 _____

42 미정이 삼촌은 회사 구내 식당에서 식권 10장을 구입하였습니다. 그중에서 3장을 사용했다면 남은 식권은 몇 장인지 구해 보세요.

 식권은 식당이나 음식점에서 내면 음식을 주도록 되어 있는 표예요.

답 _____

43 정훈이는 농구공을 10번 던져서 2번 골을 넣었습니다. 골을 넣지 못한 경우는 몇 번인지 구해 보세요.

답 _____

연산 노트

맞힌 개수	나의 학습 결과에 ○표 하세요.				QR 빠른정답 확인
	맞힌 개수	0~5개	6~21개	22~37개	38~43개
개 /43개	학습 방법	다시 한번 풀어 보요.	계산 연습이 필요해요.	틀린 문제를 확인해요.	실수하지 않도록 집중해요.

7

덧셈 (3)

1. 10을 이용하여 모으기와 가르기

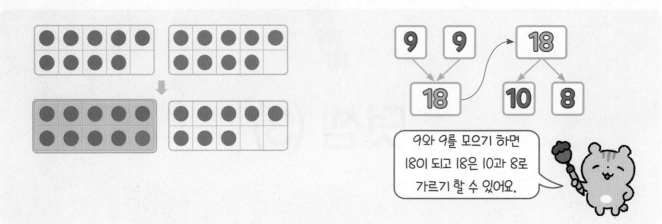

9와 9를 모으기 하면
18이 되고 18은 10과 8로
가르기 할 수 있어요.

🌰 10을 이용하여 모으기와 가르기를 하려고 합니다. 빈칸에 알맞은 수를 써넣으세요.

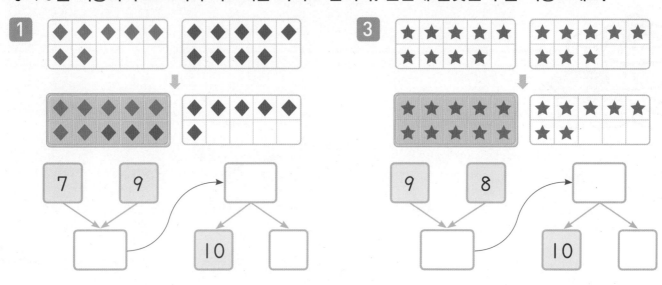

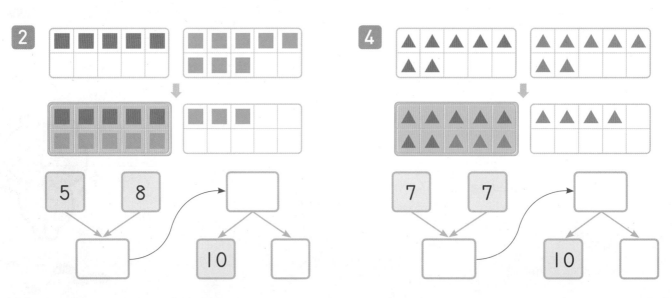

5

| 8 | 4 | → □ | 10 | □ |

6

| 6 | 5 | → □ | 10 | □ |

7

| 7 | 8 | → □ | 10 | □ |

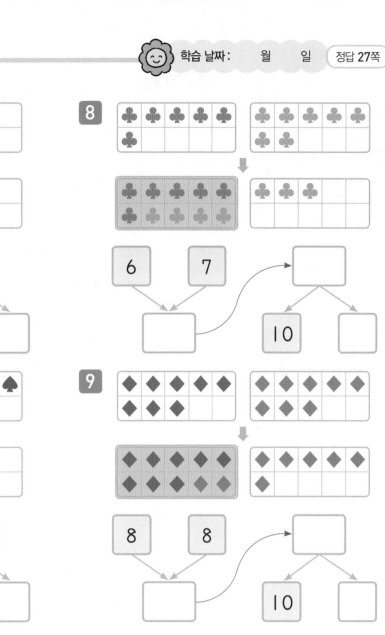

8

| 6 | 7 | → □ | 10 | □ |

9

| 8 | 8 | → □ | 10 | □ |

10

| 8 | 6 | → □ | 10 | □ |

맞힌 개수	나의 학습 결과에 ○표 하세요.				QR 빠른정답 확인
	맞힌 개수	0~1개	2~5개	6~8개	9~10개
개 /10개	학습 방법	다시 한번 풀어 봐요.	계산 연습이 필요해요.	틀린 문제를 확인해요.	실수하지 않도록 집중해요.

1. 10을 이용하여 모으기와 가르기

🥕 빈칸에 알맞은 수를 써넣으세요.

1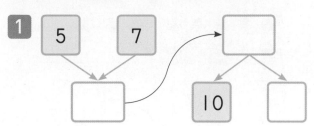

7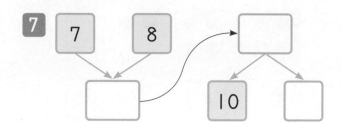

2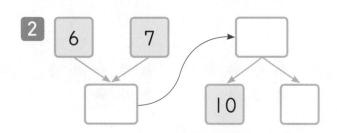

8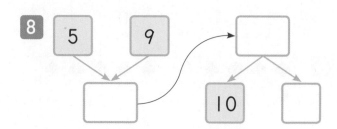

3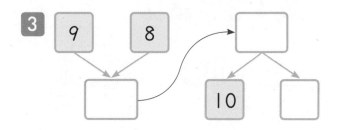

9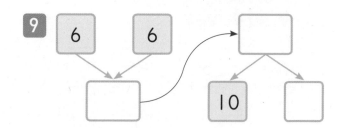

4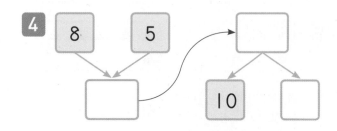

10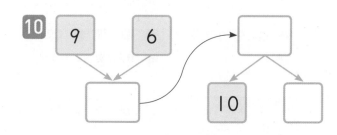

5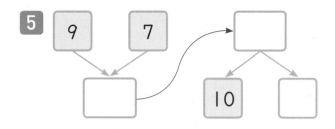

11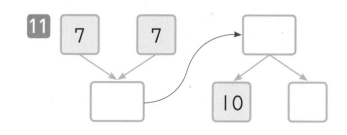

6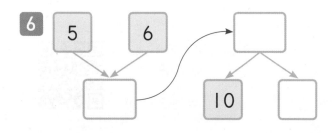

12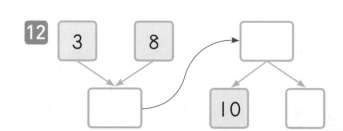

연산 in 문장제

남학생 6명과 여학생 7명이 함께 모여 피구를 하고 있습니다. 그중에서 10명이 아웃되었습니다. 아웃되지 않은 학생은 몇 명인지 구해 보세요.

6과 7을 모으면 13이고 13은 10과 3으로 가르기 할 수 있습니다.
따라서 아웃되지 않은 학생은 3명입니다.

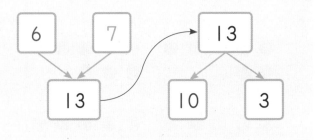

13 승현이가 노란 종이배 8개와 파란 종이배 6개를 만들었습니다. 그중에서 10개를 친구들에게 나누어 주었습니다. 승현이에게 남은 종이배는 몇 개인지 구해 보세요.

답 _____

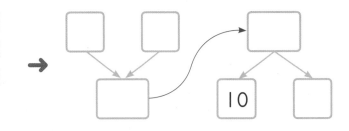

14 수진이는 곰 인형 6개와 토끼 인형 5개를 가지고 있습니다. 오늘 나오면서 10개는 집에 두고 나머지는 들고 왔습니다. 수진이가 들고 온 인형은 몇 개인지 구해 보세요.

답 _____

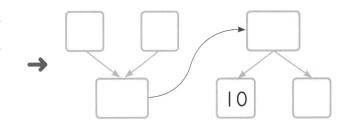

15 고구마를 미희가 7개, 언니가 9개 캤습니다. 그중에서 10개는 봉지에 담고 나머지는 쪄서 먹었습니다. 쪄서 먹은 고구마는 몇 개인지 구해 보세요.

답 _____

맞힌 개수	나의 학습 결과에 ○표 하세요.			
	맞힌 개수	0~2개	3~7개	8~12개	13~15개
개 /15개	학습 방법	다시 한번 풀어 봐요.	계산 연습이 필요해요.	틀린 문제를 확인해요.	실수하지 않도록 집중해요.

QR 빠른정답 확인

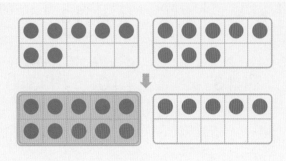

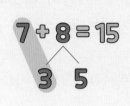

7 + 8 = 15

3   5

앞의 수 7에 3을 더해서 10을 만들어요.

🥕 그림을 보고 ☐ 안에 알맞은 수를 써넣으세요.

1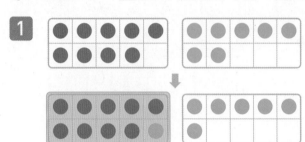

$9+7=$ ☐

1   6

2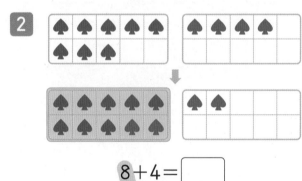

$8+4=$ ☐

2   2

3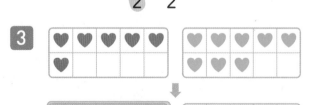

$6+8=$ ☐

4   4

4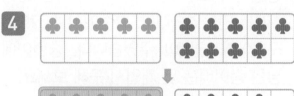

$5+9=$ ☐

☐   4

5

$8+9=$ ☐

☐   7

6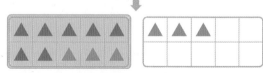

$7+6=$ ☐

☐   3

□ 안에 알맞은 수를 써넣으세요.

7 $8 + 7 = \boxed{}$
2   5

13 $8 + 5 = \boxed{}$
□   3

19 $7 + 5 = \boxed{}$
□   □

8 $6 + 7 = \boxed{}$
4   3

14 $6 + 9 = \boxed{}$
□   5

20 $9 + 3 = \boxed{}$
□   □

9 $5 + 7 = \boxed{}$
5   2

15 $9 + 9 = \boxed{}$
□   8

21 $8 + 3 = \boxed{}$
□   □

10 $4 + 7 = \boxed{}$
6   1

16 $8 + 8 = \boxed{}$
□   6

22 $3 + 9 = \boxed{}$
□   □

11 $9 + 4 = \boxed{}$
1   3

17 $7 + 9 = \boxed{}$
□   6

23 $7 + 4 = \boxed{}$
□   □

12 $5 + 6 = \boxed{}$
5   1

18 $9 + 8 = \boxed{}$
□   7

24 $6 + 6 = \boxed{}$
□   □

맞힌 개수	나의 학습 결과에 ○표 하세요.				QR 빠른정답 확인
	맞힌 개수	0~4개	5~12개	13~20개	21~24개	
개 /24개	학습 방법	다시 한번 풀어 봐요.	계산 연습이 필요해요.	틀린 문제를 확인해요.	실수하지 않도록 집중해요.	

2. (몇)+(몇)=(십몇) (1)

🥕 덧셈을 해 보세요.

1 7+7

2 7+4

3 9+7

4 5+8

5 6+8

6 8+9

7 5+9

8 8+3

9 6+6

10 3+9

11 5+6

12 8+8

13 9+9

14 9+2

15 7+8

16 6+9

17 9+4

18 4+8

19 7+9

20 5+7

21 7+6

연산 in 문장제

하얀 탁구공 9개와 노란 탁구공 6개가 있습니다. 탁구공은 모두 몇 개인지 구해 보세요.

$$\underset{\substack{\text{하얀}\\\text{탁구공 수}}}{9} + \underset{\substack{\text{노란}\\\text{탁구공 수}}}{6} = \underset{\substack{\text{전체}\\\text{탁구공 수}}}{15}^{(개)}$$

22 석열이네 가족은 목장 체험에서 흰 치즈 6개, 노란 치즈 7개를 만들었습니다. 석열이네 가족이 만든 치즈는 모두 몇 개인지 구해 보세요.

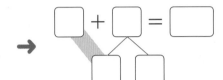

답 ＿＿＿＿＿＿＿

23 준표가 이달에 동화책 9권과 위인전 5권을 읽었습니다. 준표가 이달에 읽은 동화책과 위인전은 모두 몇 권인지 구해 보세요.

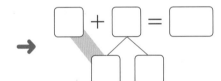

답 ＿＿＿＿＿＿＿

24 중화요리 식당에서 자장면 7그릇과 짬뽕 5그릇을 배달 주문 받았습니다. 배달해야 하는 자장면과 짬뽕은 모두 몇 그릇인지 구해 보세요.

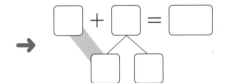

답 ＿＿＿＿＿＿＿

25 냉장고에 딸기우유 8개와 초코우유 9개가 들어 있습니다. 냉장고에 들어 있는 딸기우유와 초코우유는 모두 몇 개인지 구해 보세요.

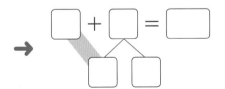

답 ＿＿＿＿＿＿＿

맞힌 개수	나의 학습 결과에 ○표 하세요.			
맞힌 개수	0~5개	6~13개	14~21개	22~25개
학습 방법	다시 한번 풀어 봐요.	계산 연습이 필요해요.	틀린 문제를 확인해요.	실수하지 않도록 집중해요.

개 /25개

QR 빠른정답 확인

3. (몇)+(몇)=(십몇) (2)

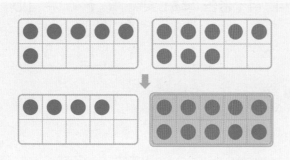

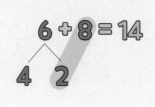

$$6 + 8 = 14$$
      4   2

뒤의 수 8에 2를
더해서 10을 만들어요.

🌰 그림을 보고 ☐ 안에 알맞은 수를 써넣으세요.

1

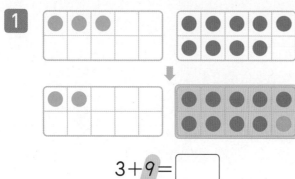

$$3 + 9 = \boxed{}$$
      2   1

2

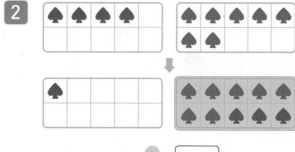

$$4 + 7 = \boxed{}$$
      1   3

3

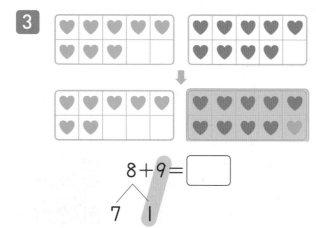

$$8 + 9 = \boxed{}$$
      7   1

4

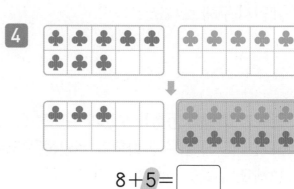

$$8 + 5 = \boxed{}$$
      3   $\boxed{}$

5

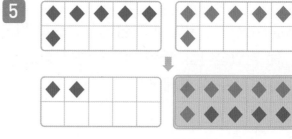

$$6 + 6 = \boxed{}$$
      2   $\boxed{}$

6

$$6 + 7 = \boxed{}$$
      3   $\boxed{}$

🥕 ☐ 안에 알맞은 수를 써넣으세요.

7 8 + 7 = ☐
5 3

13 8 + 4 = ☐
2 ☐

19 7 + 8 = ☐
☐ ☐

8 3 + 8 = ☐
1 2

14 7 + 7 = ☐
4 ☐

20 5 + 8 = ☐
☐ ☐

9 7 + 9 = ☐
6 1

15 9 + 6 = ☐
5 ☐

21 9 + 9 = ☐
☐ ☐

10 6 + 5 = ☐
1 5

16 4 + 9 = ☐
3 ☐

22 8 + 3 = ☐
☐ ☐

11 4 + 8 = ☐
2 2

17 8 + 6 = ☐
4 ☐

23 7 + 6 = ☐
☐ ☐

12 5 + 9 = ☐
4 1

18 8 + 8 = ☐
6 ☐

24 7 + 4 = ☐
☐ ☐

맞힌 개수	나의 학습 결과에 ○표 하세요.					QR 빠른정답 확인
	맞힌 개수	0~4개	5~12개	13~20개	21~24개	
개 /24개	학습 방법	다시 한번 풀어 봐요.	계산 연습이 필요해요.	틀린 문제를 확인해요.	실수하지 않도록 집중해요.	

3. (몇)+(몇)=(십몇) (2)

🥕 덧셈을 해 보세요.

1 6+7

2 5+9

3 8+3

4 7+7

5 8+5

6 9+7

7 4+8

8 6+6

9 7+4

10 9+9

11 7+5

12 6+8

13 8+9

14 9+6

15 9+4

16 7+8

17 9+2

18 8+4

19 6+9

20 5+8

21 4+9

연산 in 문장제

어느 자동차 영업점에서 이번 주에 소형차 6대와 중형차 7 대를 판매하였습니다. 이 영업점에서 이번 주에 판매한 소형차와 중형차는 모두 몇 대인지 구해 보세요.

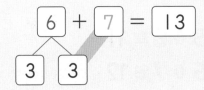

$$6 + 7 = 13 (대)$$

판매한 소형차 수   판매한 중형차 수   판매한 전체 자동차 수

---

22 준하는 고기만두 9개와 새우만두 5개를 샀습니다. 준하가 산 고기만두와 새우만두는 모두 몇 개인지 구해 보세요.

→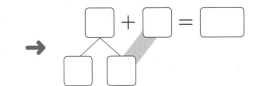

답 _____

---

23 자전거 동호회에서 자전거를 토요일에 4시간, 일요일에 7시간 탔습니다. 동호회에서 토요일과 일요일에 자전거를 탄 시간은 모두 몇 시간인지 구해 보세요.

→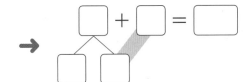

답 _____

---

24 허재는 친구들와 농구 경기를 하여 전반전에 7골, 후반전에 8골을 넣었습니다. 허재가 넣은 골은 모두 몇 골인지 구해 보세요.

→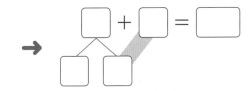

답 _____

---

25 지민이는 딱지를 9장 가지고 있습니다. 장수는 지민이보다 딱지를 3장 더 많이 가지고 있다면 장수가 가진 딱지는 몇 장인지 구해 보세요.

→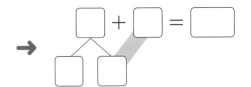

답 _____

맞힌 개수	나의 학습 결과에 ○표 하세요.			
	맞힌 개수	0~5개	6~13개	14~21개	22~25개
개 /25개	학습 방법	다시 한번 풀어 봐요.	계산 연습이 필요해요.	틀린 문제를 확인해요.	실수하지 않도록 집중해요.

QR 빠른정답 확인

4. (몇)+(몇)=(십몇) (3)

$5 + 6 = 11$
$5 + 7 = 12$
$5 + 8 = 13$
$5 + 9 = 14$

← 같은 수에 1씩 커지는 수를 더하면 결과도 1씩 커집니다.

$9 + 8 = 17$
$8 + 8 = 16$
$7 + 8 = 15$
$6 + 8 = 14$

← 1씩 작아지는 수에 같은 수를 더하면 결과도 1씩 작아집니다.

□ 안에 알맞은 수를 써넣으세요.

1 $6 + 5 = \boxed{}$

$6 + 6 = \boxed{}$

$6 + 7 = \boxed{}$

2 $9 + 7 = \boxed{}$

$9 + 8 = \boxed{}$

$9 + 9 = \boxed{}$

3 $7 + 6 = \boxed{}$

$7 + 7 = \boxed{}$

$7 + 8 = \boxed{}$

4 $7 + 9 = \boxed{}$

$7 + 8 = \boxed{}$

$7 + 7 = \boxed{}$

5 $8 + 7 = \boxed{}$

$8 + 6 = \boxed{}$

$8 + 5 = \boxed{}$

6 $5 + 6 = \boxed{}$

$6 + 6 = \boxed{}$

$7 + 6 = \boxed{}$

7 $7 + 8 = \boxed{}$

$8 + 8 = \boxed{}$

$9 + 8 = \boxed{}$

8 $7 + 9 = \boxed{}$

$6 + 9 = \boxed{}$

$5 + 9 = \boxed{}$

9 $5 + 8 = \boxed{}$

$4 + 8 = \boxed{}$

$3 + 8 = \boxed{}$

10 $8 + 5 = \boxed{}$

$7 + 5 = \boxed{}$

$6 + 5 = \boxed{}$

11 $9 + 5 = \boxed{}$

$8 + 6 = \boxed{}$

$7 + 7 = \boxed{}$

12 $7 + 5 = \boxed{}$

$8 + 4 = \boxed{}$

$9 + 3 = \boxed{}$

13 $6 + 9 = \boxed{}$

$7 + 8 = \boxed{}$

$8 + 7 = \boxed{}$

🥕 두 수의 덧셈을 해 보세요.

14 7+5=☐
5+7=☐

15 5+9=☐
9+5=☐

16 2+9=☐
9+2=☐

17 8+6=☐
6+8=☐

18 7+8=☐
8+7=☐

19 6+7=☐
7+6=☐

20 8+9=☐
9+8=☐

21 9+6=☐
6+9=☐

22 7+4=☐
4+7=☐

23 8+5=☐
5+8=☐

24 7+9=☐
9+7=☐

25 3+9=☐
9+3=☐

26 9+4=☐
4+9=☐

27 3+8=☐
8+3=☐

28 4+8=☐
8+4=☐

29 8+7=☐
7+8=☐

30 5+6=☐
6+5=☐

31 9+5=☐
5+9=☐

맞힌 개수	나의 학습 결과에 ○표 하세요.				QR 빠른정답 확인
	맞힌 개수	0~5개	6~16개	17~27개	28~31개	
개 /31개	학습 방법	다시 한번 풀어 봐요.	계산 연습이 필요해요.	틀린 문제를 확인해요.	실수하지 않도록 집중해요.	

🥕 빈칸에 두 수의 합을 써넣으세요.

1	9	6

7	8	5

13	3	9

2	5	6

8	4	8

14	9	4

3	8	7

9	7	6

15	6	8

4	9	8

10	4	7

16	5	7

5	7	7

11	9	3

17	6	6

6	6	9

12	8	8

18	3	8

연산 in 문장제

미정이네 모둠 학생들이 림보를 하였습니다. 통과한 학생이 7명, 통과 못한 학생이 5명입니다. 림보를 한 학생은 모두 몇 명인지 구해 보세요.

$$\frac{7}{\substack{\uparrow \\ \text{림보를 통과한} \\ \text{학생 수}}} + \frac{5}{\substack{\uparrow \\ \text{림보를 통과 못한} \\ \text{학생 수}}} = \frac{12}{\substack{\uparrow \\ \text{림보를 한} \\ \text{학생 수}}}\text{(명)}$$

앞의 수 가르기 또는 뒤의 수 가르기 중에서 편한 방법을 선택하여 계산해요.

19 노래 경연 대회에서 여성 9명과 남성 7명이 참가하였습니다. 노래 경연 대회에 참가한 사람은 모두 몇 명인지 구해 보세요.

답 _____

20 효행이네 학교 농구부 학생들이 올해 경기를 하여 8승 4패를 기록하였습니다. 모두 몇 경기를 하였는지 구해 보세요.

답 _____

21 배드민턴 경기장에서 8명은 복식 경기를, 6명은 단식 경기를 하고 있습니다. 배드민턴 경기를 하고 있는 사람은 모두 몇 명인지 구해 보세요.

 복식 경기는 두 사람이 짝을 지어서 하는 것이고, 단식 경기는 일대일로 하는 경기예요.

답 _____

22 놀이동산의 회전목마에 어른 5명, 어린이 8명이 타고 있습니다. 회전목마에 탄 사람은 모두 몇 명인지 구해 보세요.

답 _____

23 상민이가 산 젤리 한 봉지에는 청포도 젤리가 6개 들어 있고, 딸기 젤리는 청포도 젤리보다 9개 더 많이 들어 있습니다. 봉지에 들어 있는 딸기 젤리는 몇 개인지 구해 보세요.

답 _____

맞힌 개수	나의 학습 결과에 ○표 하세요.				QR 빠른정답 확인
 개 /23개	맞힌 개수	0~7개	8~12개	13~19개	20~23개
	학습 방법	다시 한번 풀어 봐요.	계산 연습이 필요해요.	틀린 문제를 확인해요.	실수하지 않도록 집중해요.

🥕 빈칸에 알맞은 수를 써넣으세요.

1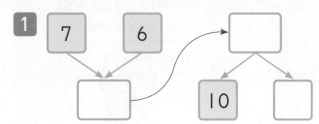

7　6　　□

□　　10　□

2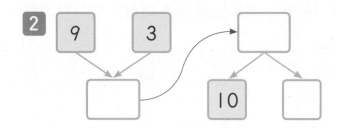

9　3　　□

□　　10　□

3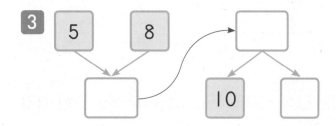

5　8　　□

□　　10　□

4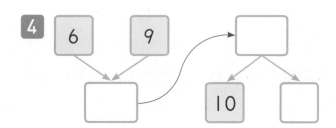

6　9　　□

□　　10　□

5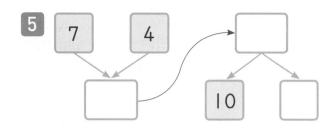

7　4　　□

□　　10　□

6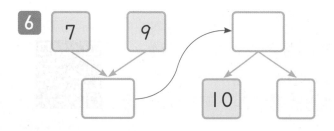

7　9　　□

□　　10　□

🥕 □ 안에 알맞은 수를 써넣으세요.

7 3 + 8 = □
　□　1

8 9 + 6 = □
　□　5

9 7 + 7 = □
　□　4

10 5 + 9 = □
　□　□

11 6 + 5 = □
　□　□

12 4 + 8 = □
　□　□

13 　 2 + 9 = ☐

I ☐

14 　 6 + 8 = ☐

4 ☐

15 　 7 + 5 = ☐

2 ☐

16 　 8 + 9 = ☐

7 ☐

17 　 5 + 6 = ☐

I ☐

18 　 6 + 6 = ☐

2 ☐

☐ 안에 알맞은 수를 써 넣으세요.

19 　 6+6= ☐

6+7= ☐

6+8= ☐

20 　 4+9= ☐

4+8= ☐

4+7= ☐

21 　 7+5= ☐

8+5= ☐

9+5= ☐

22 　 8+9= ☐

7+9= ☐

6+9= ☐

23 　 7+6= ☐

6+7= ☐

24 　 4+9= ☐

9+4= ☐

두 수의 덧셈을 해 보세요.

25 　 6+7

26 　 3+9

27 　 8+8

28 　 7+8

29 　 8+6

30 　 5+7

31 　 9+4

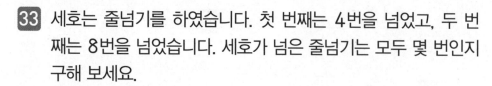

32 지호는 아버지와 낚시를 하였습니다. 아버지께서 8마리를, 지호가 7마리를 잡았습니다. 그중에서 작은 물고기 10마리는 놓아 주고 나머지는 집으로 가져왔습니다. 집으로 가져온 물고기는 몇 마리인지 구해 보세요.

답 _____

33 세호는 줄넘기를 하였습니다. 첫 번째는 4번을 넘었고, 두 번째는 8번을 넘었습니다. 세호가 넘은 줄넘기는 모두 몇 번인지 구해 보세요.

답 _____

34 어느 식당에서 쌀 9컵과 보리쌀 5컵을 섞어서 잡곡밥을 지었습니다. 잡곡밥을 짓는 데 사용한 쌀과 보리쌀은 모두 몇 컵인지 구해 보세요.

답 _____

35 석민이의 양말은 7켤레, 형의 양말은 9켤레입니다. 석민이와 형의 양말은 모두 몇 켤레인지 구해 보세요.

답 _____

36 영훈이는 중국에 사는 이모 댁에 가는데 비행기를 7시간, 버스를 4시간 탔습니다. 영훈이가 이모 댁에 가는데 비행기와 버스를 탄 시간은 모두 몇 시간인지 구해 보세요.

답 _____

37 태성이는 도토리를 8개 주웠고, 태희는 태성이보다 5개 더 많이 주웠습니다. 태희가 주운 도토리는 몇 개인지 구해 보세요.

답 _____

연산 노트

맞힌 개수	나의 학습 결과에 ○표 하세요.				QR 빠른정답 확인
	맞힌 개수	0~6개	7~19개	20~32개	33~37개	
개 /37개	학습 방법	다시 한번 풀어 봐요.	계산 연습이 필요해요.	틀린 문제를 확인해요.	실수하지 않도록 집중해요.	

8

뺄셈 (3)

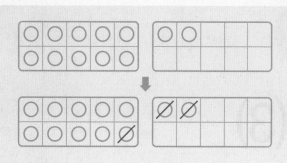

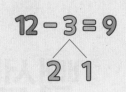

$$12 - 3 = 9$$

12에서 2를 뺀 다음 1을 더 빼요.

🥕 그림을 보고 ☐ 안에 알맞은 수를 써넣으세요.

1

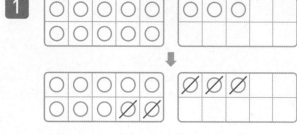

13을 10으로 만든 수 계산해요.

$$13 - 5 = \boxed{}$$

3   2

2

$$17 - 8 = \boxed{}$$

7   1

3

$$12 - 7 = \boxed{}$$

2   5

4

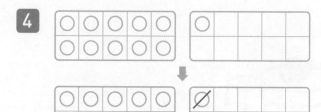

$$11 - 2 = \boxed{}$$

$$\boxed{} \quad 1$$

5

$$13 - 7 = \boxed{}$$

$$\boxed{} \quad 4$$

6

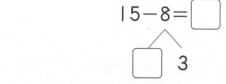

$$15 - 8 = \boxed{}$$

$$\boxed{} \quad 3$$

🐿 ☐ 안에 알맞은 수를 써넣으세요.

7　11 − 4 = ☐
　　　　 ╱　╲
　　　　 1　　3

8　14 − 5 = ☐
　　　　 ╱　╲
　　　　 4　　1

9　16 − 9 = ☐
　　　　 ╱　╲
　　　　 6　　3

10　14 − 8 = ☐
　　　　 ╱　╲
　　　　 4　　4

11　12 − 4 = ☐
　　　　 ╱　╲
　　　　 2　　2

12　11 − 5 = ☐
　　　　 ╱　╲
　　　　 1　　4

13　16 − 7 = ☐
　　　　 ╱　╲
　　　　 ☐　　1

14　13 − 8 = ☐
　　　　 ╱　╲
　　　　 ☐　　5

15　11 − 3 = ☐
　　　　 ╱　╲
　　　　 ☐　　2

16　15 − 6 = ☐
　　　　 ╱　╲
　　　　 ☐　　1

17　13 − 6 = ☐
　　　　 ╱　╲
　　　　 ☐　　3

18　12 − 9 = ☐
　　　　 ╱　╲
　　　　 ☐　　7

19　14 − 6 = ☐
　　　　 ╱　╲
　　　　 ☐　　☐

20　11 − 9 = ☐
　　　　 ╱　╲
　　　　 ☐　　☐

21　13 − 9 = ☐
　　　　 ╱　╲
　　　　 ☐　　☐

22　17 − 9 = ☐
　　　　 ╱　╲
　　　　 ☐　　☐

23　15 − 9 = ☐
　　　　 ╱　╲
　　　　 ☐　　☐

24　11 − 7 = ☐
　　　　 ╱　╲
　　　　 ☐　　☐

맞힌 개수	나의 학습 결과에 ○표 하세요.			
	맞힌 개수	0~5개	6~12개	13~20개	21~24개
개 /24개	학습 방법	다시 한번 풀어 봐요.	계산 연습이 필요해요.	틀린 문제를 확인해요.	실수하지 않도록 집중해요.

QR 빠른 정답 확인

🥕 뺄셈을 해 보세요.

1 14-7

2 17-8

3 12-4

4 12-6

5 14-8

6 16-8

7 16-9

8 15-9

9 11-3

10 18-9

11 11-6

12 12-9

13 11-2

14 16-7

15 15-8

16 11-7

17 13-4

18 13-8

19 12-7

20 14-9

21 13-6

연산 in 문장제

버스에 14명의 승객이 타고 있었는데 다음 정류장에서 6명이 내리고 탄 사람은 없습니다. 지금 버스에 타고 있는 승객은 몇 명인지 구해 보세요.

$$14 - 6 = 8\text{(명)}$$

처음 타고 있던 승객 수 / 내린 승객 수 / 지금 버스에 타고 있는 승객 수

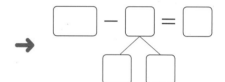

$$\boxed{14} - \boxed{6} = \boxed{8}$$
$$\boxed{4}\ \boxed{2}$$

22 냉장고에 우유가 13개 있었는데 민희와 친구들이 4개를 마셨습니다. 냉장고에 남은 우유는 몇 개인지 구해 보세요.

답 _____

$$\Box - \Box = \Box$$

23 지연이는 언니와 함께 감을 따고 있습니다. 언니가 15개, 지연이가 9개를 땄다면 언니는 지연이보다 감을 몇 개 더 많이 땄는지 구해 보세요.

답 _____

$$\Box - \Box = \Box$$

24 어느 병원에 12명의 환자가 입원해 있었는데 오늘 8명이 퇴원했습니다. 병원에 남은 환자는 몇 명인지 구해 보세요.

답 _____

$$\Box - \Box = \Box$$

25 자욱이가 야구 연습을 하고 있습니다. 야구공 15개 중에서 8개를 쳤다면 맞히지 못한 야구공은 몇 개인지 구해 보세요.

답 _____

$$\Box - \Box = \Box$$

맞힌 개수	나의 학습 결과에 ○표 하세요.			
맞힌 개수	0~5개	6~13개	14~21개	22~25개
학습 방법	다시 한번 풀어 봐요.	계산 연습이 필요해요.	틀린 문제를 확인해요.	실수하지 않도록 집중해요.

개 /25개

QR 빠른 정답 확인

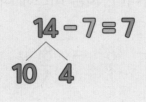

$$14 - 7 = 7$$

14를 10과 4로 가르고 10에서 7을 빼고 4를 더해요.

🥕 그림을 보고 □ 안에 알맞은 수를 써넣으세요.

1

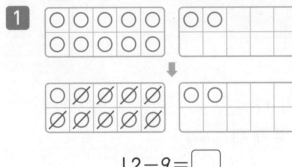

$$12 - 9 = \boxed{}$$

10　2

2

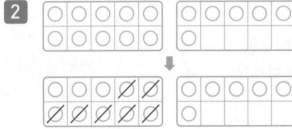

$$16 - 7 = \boxed{}$$

10　6

3

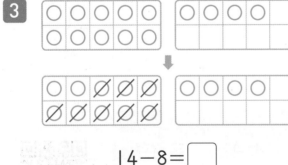

$$14 - 8 = \boxed{}$$

10　4

4

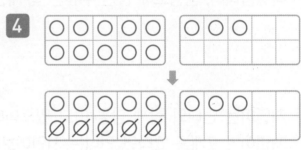

$$13 - 5 = \boxed{}$$

10　$\boxed{}$

5

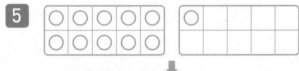

$$11 - 4 = \boxed{}$$

10　$\boxed{}$

6

$$12 - 7 = \boxed{}$$

10　$\boxed{}$

🐿 □ 안에 알맞은 수를 써넣으세요.

7 $15 - 7 = \boxed{}$
10 5

13 $13 - 4 = \boxed{}$
10 $\boxed{}$

19 $11 - 6 = \boxed{}$
$\boxed{}$ $\boxed{}$

8 $11 - 8 = \boxed{}$
10 1

14 $12 - 3 = \boxed{}$
10 $\boxed{}$

20 $13 - 8 = \boxed{}$
$\boxed{}$ $\boxed{}$

9 $16 - 9 = \boxed{}$
10 6

15 $17 - 8 = \boxed{}$
10 $\boxed{}$

21 $18 - 9 = \boxed{}$
$\boxed{}$ $\boxed{}$

10 $14 - 5 = \boxed{}$
10 4

16 $11 - 9 = \boxed{}$
10 $\boxed{}$

22 $13 - 7 = \boxed{}$
$\boxed{}$ $\boxed{}$

11 $12 - 8 = \boxed{}$
10 2

17 $14 - 6 = \boxed{}$
10 $\boxed{}$

23 $12 - 5 = \boxed{}$
$\boxed{}$ $\boxed{}$

12 $14 - 9 = \boxed{}$
10 4

18 $16 - 8 = \boxed{}$
10 $\boxed{}$

24 $17 - 9 = \boxed{}$
$\boxed{}$ $\boxed{}$

맞힌 개수	나의 학습 결과에 ○표 하세요.			
	맞힌 개수	0~4개	5~12개	13~20개	21~24개
개 /24개	학습 방법	다시 한번 풀어 봐요.	계산 연습이 필요해요.	틀린 문제를 확인해요.	실수하지 않도록 집중해요.

QR 빠른정답 확인

2. (십몇)-(몇)=(몇) (2)

🥕 뺄셈을 해 보세요.

1 12-6

8 13-5

15 13-4

2 12-4

9 14-9

16 12-9

3 11-3

10 13-6

17 14-8

4 15-6

11 11-2

18 13-7

5 12-5

12 15-9

19 15-8

6 11-6

13 16-7

20 18-9

7 17-9

14 12-8

21 13-9

연산 in 문장제

운동장에 축구를 하는 사람이 16명, 농구를 하는 사람이 8명 있습니다. 축구를 하는 사람은 농구를 하는 사람보다 몇 명 더 많은지 구해 보세요.

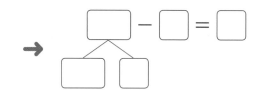

축구를 하는 사람 수   농구를 하는 사람 수   축구와 농구를 하는 사람 수의 차

---

22 어느 보건소에서 독감 예방 접종을 하고 있습니다. 오늘 할아버지 12명과 할머니 9명이 접종을 하였습니다. 예방 접종을 한 할아버지는 할머니보다 몇 명 더 많은지 구해 보세요.

답 _____

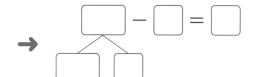

---

23 풍선이 12개 있었는데 7개가 터졌습니다. 남은 풍선은 몇 개인지 구해 보세요.

답 _____

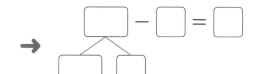

---

24 스케치북이 15권, 공책이 9권 있습니다. 스케치북은 공책보다 몇 권 더 많은지 구해 보세요.

답 _____

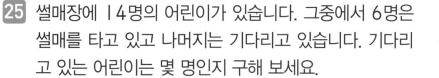

---

25 썰매장에 14명의 어린이가 있습니다. 그중에서 6명은 썰매를 타고 있고 나머지는 기다리고 있습니다. 기다리고 있는 어린이는 몇 명인지 구해 보세요.

답 _____

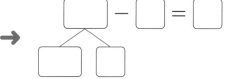

맞힌 개수	나의 학습 결과에 ○표 하세요.			
	맞힌 개수	0~5개	6~13개	14~21개	22~25개
개 /25개	학습 방법	다시 한번 풀어 봐요.	계산 연습이 필요해요.	틀린 문제를 확인해요.	실수하지 않도록 집중해요.

QR 빠른 정답 확인

$11 - 5 = 6$
$11 - 6 = 5$
$11 - 7 = 4$
$11 - 8 = 3$

← 같은 수에서 1씩 커지는 수를 빼면 결과는 1씩 작아집니다.

$12 - 8 = 4$
$13 - 8 = 5$
$14 - 8 = 6$
$15 - 8 = 7$

← 1씩 커지는 수에서 같은 수를 빼면 결과도 1씩 커집니다.

🥕 ☐ 안에 알맞은 수를 써넣으세요.

1 $11 - 2 = \boxed{}$
$11 - 3 = \boxed{}$
$11 - 4 = \boxed{}$

2 $16 - 7 = \boxed{}$
$16 - 8 = \boxed{}$
$16 - 9 = \boxed{}$

3 $13 - 6 = \boxed{}$
$13 - 7 = \boxed{}$
$13 - 8 = \boxed{}$

4 $12 - 9 = \boxed{}$
$12 - 8 = \boxed{}$
$12 - 7 = \boxed{}$

5 $14 - 7 = \boxed{}$
$14 - 6 = \boxed{}$
$14 - 5 = \boxed{}$

6 $15 - 8 = \boxed{}$
$16 - 8 = \boxed{}$
$17 - 8 = \boxed{}$

7 $12 - 5 = \boxed{}$
$13 - 5 = \boxed{}$
$14 - 5 = \boxed{}$

8 $11 - 6 = \boxed{}$
$12 - 6 = \boxed{}$
$13 - 6 = \boxed{}$

9 $15 - 7 = \boxed{}$
$14 - 7 = \boxed{}$
$13 - 7 = \boxed{}$

10 $13 - 9 = \boxed{}$
$12 - 9 = \boxed{}$
$11 - 9 = \boxed{}$

11 $13 - 7 = \boxed{}$
$14 - 8 = \boxed{}$
$15 - 9 = \boxed{}$

12 $15 - 7 = \boxed{}$
$16 - 8 = \boxed{}$
$17 - 9 = \boxed{}$

13 $14 - 9 = \boxed{}$
$13 - 8 = \boxed{}$
$12 - 7 = \boxed{}$

🐰 두 수의 뺄셈을 해 보세요.

14 12 − 5 = ☐
　　12 − 7 = ☐

20 12 − 9 = ☐
　　12 − 3 = ☐

26 13 − 7 = ☐
　　13 − 6 = ☐

15 14 − 5 = ☐
　　14 − 9 = ☐

21 13 − 8 = ☐
　　13 − 5 = ☐

27 16 − 9 = ☐
　　16 − 7 = ☐

16 11 − 6 = ☐
　　11 − 5 = ☐

22 11 − 3 = ☐
　　11 − 8 = ☐

28 14 − 6 = ☐
　　14 − 8 = ☐

17 15 − 7 = ☐
　　15 − 8 = ☐

23 11 − 7 = ☐
　　11 − 4 = ☐

29 11 − 9 = ☐
　　11 − 2 = ☐

18 16 − 7 = ☐
　　16 − 9 = ☐

24 15 − 6 = ☐
　　15 − 9 = ☐

30 12 − 4 = ☐
　　12 − 8 = ☐

19 13 − 4 = ☐
　　13 − 9 = ☐

25 17 − 8 = ☐
　　17 − 9 = ☐

31 14 − 9 = ☐
　　14 − 5 = ☐

맞힌 개수	나의 학습 결과에 ○표 하세요.				
	맞힌 개수	0~5개	6~16개	17~27개	28~31개
개 /31개	학습 방법	다시 한번 풀어 봐요.	계산 연습이 필요해요.	틀린 문제를 확인해요.	실수하지 않도록 집중해요.

QR 빠른 정답 확인

🥕 빈칸에 두 수의 차를 써넣으세요.

1

11	3

7

12	8

13

6	15

2

12	6

8

18	9

14

7	14

3

14	5

9

11	4

15

9	17

4

13	9

10

8	13

16

8	15

5

12	3

11

4	12

17

5	11

6

16	8

12

9	16

18

9	15

연산 in 문장제

눈사람에게 모자를 씌우려고 합니다. 눈사람은 13개이고, 모자는 8개입니다. 더 필요한 모자는 몇 개인지 구해 보세요.

$$13 - 8 = 5 (개)$$

눈사람 수   모자 수   더 필요한 모자 수

앞의 수 가르기 또는 뒤의 수 가르기 중에서 편한 방법을 선택하여 계산해요.

19 현수네 반 친구들이 연날리기를 하고 있습니다. 15명은 가오리연을, 8명은 방패연을 날리고 있습니다. 가오리연을 날리는 학생은 방패연을 날리는 학생보다 몇 명 더 많은지 구해 보세요.

답 _____

20 주차장에 자동차가 11대 주차되어 있었는데 5대가 나갔습니다. 주차장에 남아 있는 자동차는 몇 대인지 구해 보세요.

답 _____

21 동물원에 있는 원숭이는 모두 16마리입니다. 그중에서 7마리가 암컷 원숭이입니다. 수컷 원숭이는 몇 마리인지 구해 보세요.

답 _____

22 혜진이는 우표를 14장 모으려고 합니다. 오늘까지 9장을 모았다면 앞으로 모아야 할 우표는 몇 장인지 구해 보세요.

답 _____

23 풍선 터뜨리기에서 정후는 13개를 터뜨렸고, 대경이는 정후보다 5개 적게 터뜨렸습니다. 대경이가 터뜨린 풍선은 몇 개인지 구해 보세요.

답 _____

맞힌 개수	나의 학습 결과에 ○표 하세요.			
	맞힌 개수	0~7개	8~12개	13~19개	20~23개
개 /23개	학습 방법	다시 한번 풀어 봐요.	계산 연습이 필요해요.	틀린 문제를 확인해요.	실수하지 않도록 집중해요.

🥕 ☐ 안에 알맞은 수를 써넣으세요.

1 $11 - 6 = \boxed{}$
☐ 5

2 $15 - 8 = \boxed{}$
☐ 3

3 $13 - 7 = \boxed{}$
☐ 4

4 $12 - 5 = \boxed{}$
☐ 3

5 $14 - 9 = \boxed{}$
☐ 5

6 $13 - 4 = \boxed{}$
☐ 1

7 $15 - 7 = \boxed{}$
☐ ☐

8 $18 - 9 = \boxed{}$
☐ ☐

9 $12 - 8 = \boxed{}$
☐ ☐

10 $16 - 8 = \boxed{}$
☐ ☐

11 $14 - 7 = \boxed{}$
☐ ☐

12 $11 - 8 = \boxed{}$
☐ ☐

13 $12 - 7 = \boxed{}$
10 ☐

14 $13 - 9 = \boxed{}$
10 ☐

15 $11 - 3 = \boxed{}$
10 ☐

16 $16 - 7 = \boxed{}$
10 ☐

17 $14 - 8 = \boxed{}$
10 ☐

18 $15 - 6 = \boxed{}$
10 ☐

19　15 − 9 = ☐

20　13 − 6 = ☐

21　12 − 6 = ☐

22　11 − 7 = ☐

23　11 − 2 = ☐

24　12 − 4 = ☐

🥕 두 수의 뺄셈을 해 보
세요.

25　11−4

26　13−8

27　14−6

28　11−9

29　14−5

30　17−9

31　12−3

🥕 빈칸에 두 수의 차를 써넣
으세요.

32

13	7

33

12	5

34

14	6

35

9	12

36

8	14

37

7	16

정답 33쪽

38 어린이 12명에게 색종이를 한 묶음씩 나누어 주려고 합니다. 색종이가 5묶음이 있습니다. 더 필요한 색종이는 몇 묶음인지 구해 보세요.

답 _____

39 민주네 반에서 제주도에 가고 싶은 학생은 13명, 부산에 가고 싶은 학생은 9명입니다. 제주도에 가고 싶은 학생은 부산에 가고 싶은 학생보다 몇 명 더 많은지 구해 보세요.

답 _____

40 진우네 아파트 주차장에 전기 자동차 14대와 수소 자동차 6대가 주차되어 있습니다. 전기 자동차는 수소 자동차보다 몇 대 더 많은지 구해 보세요.

답 _____

41 음악 프로그램에 출연하는 가수 11팀 중에서 지금까지 5팀이 노래를 불렀습니다. 아직 노래를 부르지 않은 가수는 몇 팀인지 구해 보세요.

답 _____

42 박물관에 방문한 여자는 17명이고, 남자는 여자보다 8명 적었습니다. 박물관에 방문한 남자는 몇 명인지 구해 보세요.

답 _____

43 현정이는 초콜릿 12개를 가지고 있었는데 그중에서 5개를 먹었습니다. 남은 초콜릿은 몇 개인지 구해 보세요.

답 _____

연산 노트

맞힌 개수	나의 학습 결과에 ○표 하세요.				QR 빠른 정답 확인
	맞힌 개수	0~8개	9~22개	23~38개	39~43개	
개 /43개	학습 방법	다시 한번 풀어 봐요.	계산 연습이 필요해요.	틀린 문제를 확인해요.	실수하지 않도록 집중해요.	

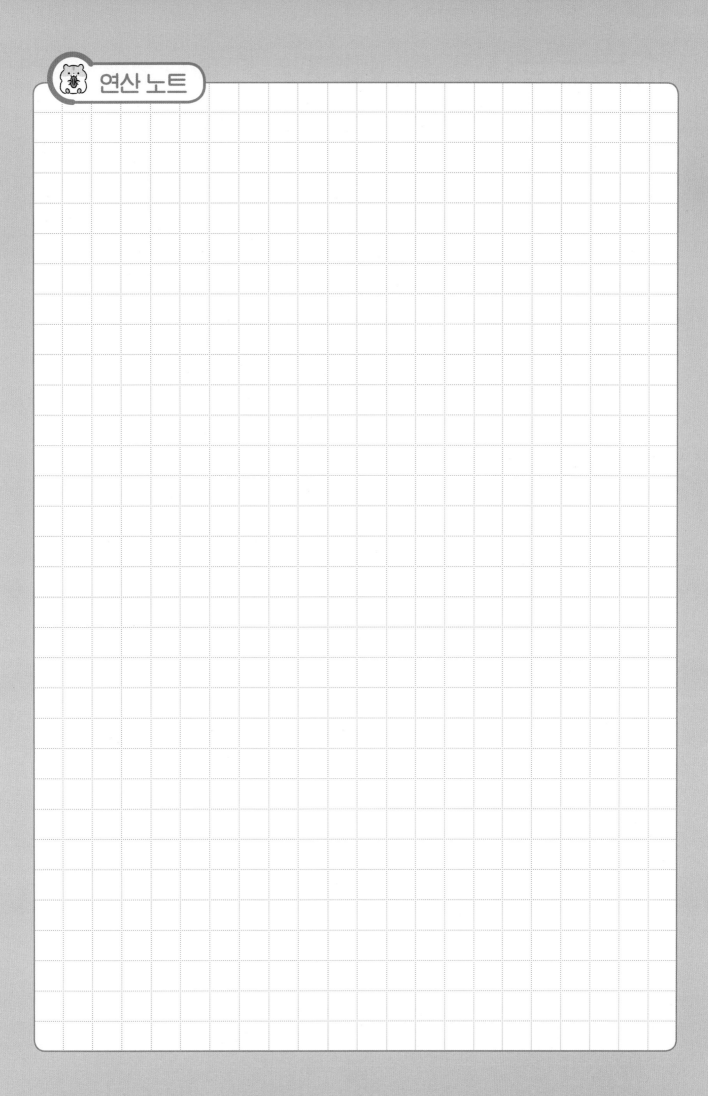

연산 노트

연산 노트

연산 노트

연산 노트

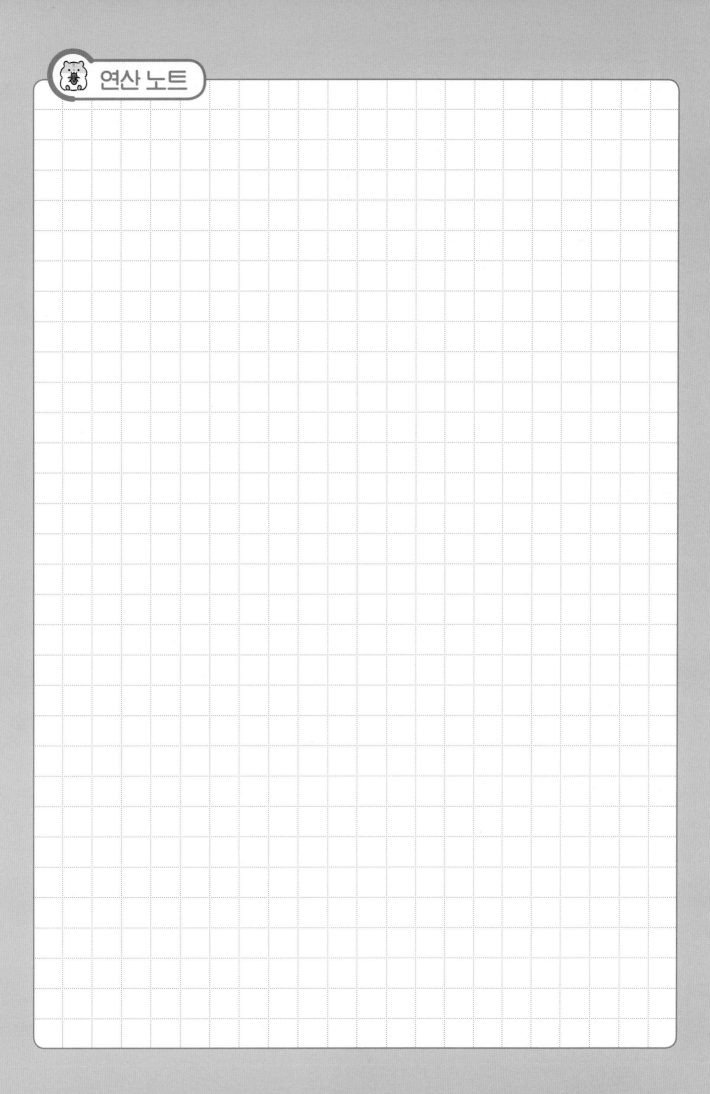

연산 노트

초등 풍산자로 개념을 적용하고 응용하여
연산, 유형, 서술형을 풀면 실력이 탄탄해집니다

처음 배우는 수학을 쉽게 접근하는 초등 풍산자 로드맵

연산 집중훈련서	교과 유형학습서	서술형 집중연습서	연산 반복훈련서	유형 문제기본서
풍산자 개념X연산	풍산자 개념X유형	풍산자 개념X서술형	풍산자 연산	풍산자 유형

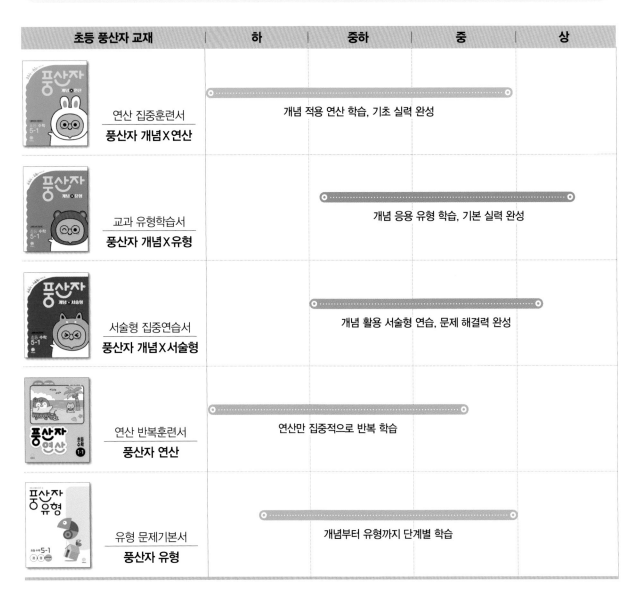

초등 풍산자 교재	하	중하	중	상
연산 집중훈련서 **풍산자 개념X연산**	개념 적용 연산 학습, 기초 실력 완성			
교과 유형학습서 **풍산자 개념X유형**		개념 응용 유형 학습, 기본 실력 완성		
서술형 집중연습서 **풍산자 개념X서술형**		개념 활용 서술형 연습, 문제 해결력 완성		
연산 반복훈련서 **풍산자 연산**	연산만 집중적으로 반복 학습			
유형 문제기본서 **풍산자 유형**		개념부터 유형까지 단계별 학습		

풍산자 연산

정답

초등 수학

1·2

하이라이트
지학사

풍산자 연산

초등 연산의 모든 것

초등 **수학** 1-2

정답

1. 100까지의 수

01일차 **1. 몇십 알아보기**

8쪽

1 60
2 70
3 80
4 90

5 70
6 80
7 60
8 90

9쪽

9 70
10 80
11 90
12 6
13 8
14 7

15 6
16 9
17 8
18 70
19 90
20 60

21 구십, 아흔
22 칠십, 일흔
23 육십, 예순
24 팔십, 여든

02일차 **1. 몇십 알아보기**

10쪽

1 7, 70
2 9, 90
3 6, 60
4 8, 80

5 육십, 예순
6 팔십, 여든
7 칠십, 일흔
8 구십, 아흔

11쪽

9 70개
10 90개
11 60명
12 80권
13 70개

03일차 **2. 99까지의 수 알아보기**

12쪽

1 76
2 95
3 58
4 82
5 66

6 7
7 1
8 6, 7
9 5, 3
10 8, 4

13쪽

11 오십구, 쉰아홉
12 팔십오, 여든다섯
13 육십이, 예순둘
14 칠십팔, 일흔여덟
15 구십삼, 아흔셋

16 육십오, 예순다섯
17 구십사, 아흔넷
18 칠십구, 일흔아홉
19 오십육, 쉰여섯
20 팔십일, 여든하나
21 육십삼, 예순셋
22 오십이, 쉰둘

04일차 2. 99까지의 수 알아보기

14쪽

1. 58
2. 96
3. 82
4. 77
5. 64
6. 59
7. 83

8. 구십칠, 아흔일곱
9. 팔십구, 여든아홉
10. 오십삼, 쉰셋
11. 육십팔, 예순여덟
12. 칠십오, 일흔다섯
13. 팔십사, 여든넷
14. 육십육, 예순여섯

15쪽

15. 63장
16. 95송이
17. 76개
18. 87개

05일차 3. 100까지의 수의 순서

16쪽

1. 74, 76
2. 59, 63
3. 85, 88, 90
4. 93, 95, 97
5. 67, 72, 73

6. 84
7. 69, 71
8. 98, 100
9. 52, 53
10. 64, 67
11. 81, 82, 83
12. 86, 89, 90

17쪽

13. 55, 57
14. 83, 85
15. 96, 98
16. 88, 90
17. 69, 71
18. 80, 82
19. 74, 76

20. 98, 100
21. 70, 72
22. 79, 81
23. 62, 64
24. 58, 60
25. 72, 74
26. 94, 96

06일차 3. 100까지의 수의 순서

18쪽

1. 92, 93, 94, 95
2. 75, 76, 77, 78
3. 59, 60, 61, 62
4. 78, 79, 80, 81
5. 67, 68, 69, 70
6. 62, 63, 64, 65
7. 87, 88, 89, 90

8. 79, 78, 77, 76
9. 92, 91, 90, 89
10. 87, 86, 85, 84
11. 63, 62, 61, 60
12. 71, 70, 69, 68
13. 56, 55, 54, 53
14. 100, 99, 98, 97

19쪽

15. 86번째
16. 91
17. 세윤
18. 59회

4. 두 수의 크기 비교

20쪽

1 91, 87
2 80, 74
3 78, 76
4 85, 82
5 72, 80
6 55, 71
7 63, 90
8 95, 98
9 53, 59
10 62, 66

21쪽

11 99에 ○표
12 69에 ○표
13 80에 ○표
14 71에 ○표
15 82에 ○표
16 74에 ○표
17 90에 ○표
18 73에 ○표
19 59에 ○표
20 84에 ○표
21 76에 ○표
22 50에 △표
23 68에 △표
24 55에 △표
25 52에 △표
26 62에 △표
27 49에 △표
28 71에 △표
29 83에 △표
30 70에 △표
31 63에 △표

4. 두 수의 크기 비교

22쪽

1 작습니다에 ○표
2 큽니다에 ○표
3 작습니다에 ○표
4 작습니다에 ○표
5 큽니다에 ○표
6 큽니다에 ○표
7 작습니다에 ○표
8 작습니다에 ○표
9 큽니다에 ○표
10 작습니다에 ○표
11 큽니다에 ○표
12 큽니다에 ○표
13 큽니다에 ○표
14 작습니다에 ○표
15 작습니다에 ○표
16 큽니다에 ○표

23쪽

17 1학년
18 할머니
19 나동
20 어제

5. 세 수의 크기 비교

24쪽

1 84에 ○표
2 79에 ○표
3 81에 △표
4 59에 △표
5 62에 △표

25쪽

6 90에 ○표
7 85에 ○표
8 70에 ○표
9 86에 ○표
10 98에 ○표
11 89에 ○표
12 59에 ○표
13 82에 ○표
14 91에 ○표
15 79에 ○표
16 77에 ○표
17 64에 △표
18 77에 △표
19 58에 △표
20 62에 △표
21 54에 △표
22 91에 △표
23 55에 △표
24 66에 △표
25 51에 △표
26 52에 △표

5. 세 수의 크기 비교

26쪽

1 96 / 60	6 75 / 66	11 77 / 51
2 97 / 68	7 81 / 52	12 67 / 61
3 88 / 63	8 87 / 51	13 82 / 73
4 94 / 73	9 90 / 56	14 79 / 68
5 88 / 81	10 85 / 64	15 60 / 57

27쪽

16 태진
17 수학
18 오이
19 믿음 합창단
20 소진

6. 짝수와 홀수 알아보기

28쪽

1 5 / 홀수에 ○표
2 8 / 짝수에 ○표
3 3 / 홀수에 ○표
4 6 / 짝수에 ○표

5 10 / 짝수에 ○표
6 12 / 짝수에 ○표
7 19 / 홀수에 ○표
8 21 / 홀수에 ○표
9 15 / 홀수에 ○표
10 18 / 짝수에 ○표

29쪽

11 4에 ○표	18 46에 ○표	25 17에 △표
12 20에 ○표	19 38에 ○표	26 23에 △표
13 32에 ○표	20 54에 ○표	27 19에 △표
14 16에 ○표	21 70에 ○표	28 41에 △표
15 42에 ○표	22 5에 △표	29 63에 △표
16 24에 ○표	23 11에 △표	30 75에 △표
17 30에 ○표	24 25에 △표	31 33에 △표

6. 짝수와 홀수 알아보기

30쪽

1 8, 52	9 25, 43
2 30, 6	10 47, 95
3 44, 88	11 33, 77
4 12, 40	12 19, 45
5 18, 94	13 37, 31
6 4, 16	14 5, 39
7 32, 42, 54	15 39, 51, 63
8 74, 60, 86	16 13, 97, 35

31쪽

17 짝수
18 홀수
19 주경
20 인성

32쪽

1 팔십, 여든 / 80
2 육십, 예순 / 60
3 칠십사, 일흔넷 / 74
4 오십삼, 쉰셋 / 53
5 구십칠, 아흔일곱 / 97

6 59, 61
7 93, 95
8 76, 77
9 64, 65
10 88, 91
11 69, 72, 73
12 96, 97, 100

34쪽

35 80권
36 98개
37 53번째
38 여학생
39 △ 모양
40 미래

33쪽

13 52, 54
14 65, 67
15 78, 80
16 94, 96
17 80, 82
18 62, 64
19 59, 61
20 88, 90

21 86에 ◯표
22 97에 ◯표
23 71에 ◯표
24 60에 ◯표
25 82에 ◯표
26 95에 ◯표
27 75에 ◯표
28 68에 ◯표

29 짝수에 ◯표
30 짝수에 ◯표
31 홀수에 ◯표
32 짝수에 ◯표
33 홀수에 ◯표
34 짝수에 ◯표

2. 덧셈 (1)

01일차   1. 받아올림이 없는 (몇십몇)+(몇)

36쪽
1 36	6 44	12 36
2 57	7 78	13 99
3 29	8 28	14 56
4 74	9 19	15 23
5 98	10 88	16 48
	11 65	17 68

37쪽
18 18	24 49	31 77
19 27	25 17	32 93
20 42	26 37	33 49
21 75	27 29	34 66
22 34	28 35	35 25
23 96	29 59	36 85
	30 86	37 69

02일차   1. 받아올림이 없는 (몇십몇)+(몇)

38쪽
1 23	8 16	15 14
2 59	9 56	16 56
3 96	10 38	17 94
4 45	11 68	18 49
5 18	12 98	19 27
6 75	13 47	20 76
7 63	14 52	21 65
		22 38

39쪽
23 39살
24 26송이
25 64대
26 15개
27 59개

03일차   2. 받아올림이 없는 (몇)+(몇십몇)

40쪽
1 36	6 19	12 87
2 89	7 28	13 54
3 44	8 97	14 29
4 52	9 68	15 46
5 77	10 39	16 62
	11 49	17 95

41쪽
18 18	24 75	31 87
19 29	25 27	32 93
20 72	26 49	33 17
21 68	27 66	34 26
22 54	28 58	35 37
23 94	29 25	36 49
	30 34	37 53

04 일차 2. 받아올림이 없는 (몇)+(몇십몇)

42쪽

1 37	8 64	15 34
2 88	9 95	16 68
3 52	10 27	17 49
4 19	11 38	18 75
5 74	12 55	19 29
6 28	13 49	20 57
7 45	14 17	21 83
		22 18

43쪽

23 24개
24 18명
25 39명
26 47명
27 85개

05 일차 3. 받아올림이 없는 (몇십)+(몇십)

44쪽

1 80	6 60	12 90
2 60	7 80	13 70
3 90	8 30	14 90
4 90	9 90	15 50
5 90	10 80	16 40
	11 70	17 20

45쪽

18 80	24 40	31 80
19 60	25 90	32 30
20 60	26 70	33 80
21 90	27 50	34 70
22 70	28 50	35 70
23 50	29 40	36 60
	30 80	37 30

06 일차 3. 받아올림이 없는 (몇십)+(몇십)

46쪽

1 40	8 50	15 40
2 60	9 40	16 60
3 90	10 20	17 90
4 50	11 70	18 60
5 70	12 90	19 90
6 30	13 90	20 90
7 80	14 80	21 60
		22 50

47쪽

23 90명
24 70살
25 80그루
26 60명
27 30일

8 풍산자 연산 1-2 정답

07 일차　4. 받아올림이 없는 (몇십몇)+(몇십몇)

48쪽

1 57	6 68	12 42			
2 47	7 67	13 39			
3 89	8 75	14 78			
4 75	9 38	15 94			
5 55	10 46	16 57			
	11 77	17 83			

49쪽

18 84	24 85	31 44
19 76	25 27	32 95
20 97	26 89	33 73
21 47	27 83	34 59
22 85	28 95	35 61
23 28	29 66	36 45
	30 37	37 87

08 일차　4. 받아올림이 없는 (몇십몇)+(몇십몇)

50쪽

1 88	8 68	15 57
2 76	9 45	16 68
3 99	10 29	17 73
4 57	11 55	18 57
5 78	12 87	19 68
6 96	13 41	20 49
7 47	14 83	21 78
		22 34

51쪽

23 47개
24 24명
25 98번
26 49개
27 86대

09 일차　5. 그림을 보고 덧셈하기

52쪽

1 38	4 46
2 24	5 39
3 27	6 44
	7 37
	8 55

53쪽

9 14, 38	13 12, 24
10 22, 53	14 29, 59
11 27, 47	15 16, 37
12 17, 49	16 32, 66

54쪽

1 56
2 48
3 61
4 44
5 23, 39

6 31, 75
7 25, 46
8 33, 73
9 32, 59
10 25, 38

55쪽

11 86개
12 29개
13 97그루
14 34개
15 58개

11일차   6. 여러 가지 방법으로 덧셈하기

56쪽

1 68 / 60, 8 / 68
2 43 / 40, 3 / 43
3 54 / 50, 4 / 54
4 89 / 80, 9 / 89

5 27 / 20, 7 / 27
6 74 / 70, 4 / 74
7 36 / 30, 6 / 36
8 99 / 90, 9 / 99
9 48 / 40, 8 / 48

57쪽

10 37 / 5, 20 / 17 / 37
11 78 / 3, 30 / 48 / 78
12 69 / 2, 10 / 59 / 69
13 27 / 6, 10 / 17 / 27

14 58 / 30, 2 / 56 / 58
15 88 / 10, 5 / 83 / 88
16 35 / 20, 2 / 33 / 35
17 43 / 10, 1 / 42 / 43

12일차   6. 여러 가지 방법으로 덧셈하기

58쪽

1 10 / 40 / 48
2 4 / 5 / 55
3 10 / 60 / 69
4 1 / 8 / 98
5 2 / 17 / 37
6 1 / 64 / 94

7 4 / 56 / 76
8 6 / 37 / 67
9 40 / 84 / 89
10 50 / 65 / 67
11 70 / 93 / 96
12 10 / 45 / 49

59쪽

13 88권
14 34장
15 66개
16 97마리
17 49명

60쪽

1 45	**9** 80	**17** 89
2 28	**10** 70	**18** 33
3 74	**11** 30	**19** 58
4 67	**12** 70	**20** 15
5 58	**13** 88	**21** 92
6 35	**14** 76	**22** 43
7 89	**15** 56	**23** 67
8 76	**16** 87	**24** 26

61쪽

25 90	**33** 47	**37** 10 / 40, 49
26 90	**34** 39	**38** 6 / 7, 67
27 80	**35** 21, 53	**39** 2 / 14, 34
28 60	**36** 17, 28	**40** 3 / 25, 55
29 92		**41** 60 / 74, 79
30 45		**42** 50 / 81, 82
31 28		
32 99		

62쪽

43 65명
44 19개
45 70개
46 38일
47 26명
48 65번

3. 뺄셈 (1)

01일차   1. 받아내림이 없는 (몇십몇)-(몇)

64쪽

1 12	6 32
2 53	7 62
3 70	8 16
4 24	9 91
5 81	10 73
	11 52

12 20
13 84
14 41
15 23
16 33
17 64

65쪽

18 97	24 35	31 71
19 42	25 13	32 95
20 36	26 40	33 52
21 60	27 22	34 66
22 72	28 33	35 30
23 21	29 53	36 72
	30 82	37 67

02일차   1. 받아내림이 없는 (몇십몇)-(몇)

66쪽

1 34	8 27	15 25
2 61	9 96	16 63
3 12	10 41	17 12
4 53	11 73	18 56
5 24	12 13	19 34
6 85	13 54	20 85
7 70	14 62	21 72
		22 44

67쪽

23 31살
24 13개
25 43개
26 11켤레
27 64장

03일차   2. 받아내림이 없는 (몇십)-(몇십)

68쪽

1 20	6 40
2 20	7 30
3 50	8 10
4 80	9 40
5 10	10 60
	11 50

12 20
13 10
14 30
15 40
16 50
17 70

69쪽

18 70	24 10	31 60
19 30	25 50	32 30
20 10	26 10	33 30
21 20	27 20	34 20
22 40	28 40	35 30
23 10	29 20	36 60
	30 10	37 40

04 일차 2. 받아내림이 없는 (몇십)-(몇십)

70쪽

1. 20
2. 30
3. 30
4. 10
5. 50
6. 70
7. 40
8. 60
9. 20
10. 20
11. 30
12. 20
13. 20
14. 10
15. 40
16. 30
17. 50
18. 10
19. 70
20. 10
21. 10
22. 40

71쪽

23. 30개
24. 30개
25. 50명
26. 40마리
27. 10명

05 일차 1. 받아내림이 없는 (몇십몇)-(몇십)

72쪽

1. 12
2. 73
3. 27
4. 15
5. 28
6. 16
7. 34
8. 61
9. 4
10. 32
11. 59
12. 18
13. 27
14. 83
15. 42
16. 64
17. 25

73쪽

18. 64
19. 35
20. 1
21. 87
22. 14
23. 38
24. 13
25. 32
26. 28
27. 11
28. 57
29. 65
30. 26
31. 37
32. 6
33. 44
34. 23
35. 32
36. 21
37. 69

06 일차 3. 받아내림이 없는 (몇십몇)-(몇십)

74쪽

1. 16
2. 33
3. 41
4. 65
5. 14
6. 47
7. 52
8. 8
9. 25
10. 43
11. 31
12. 56
13. 11
14. 39
15. 14
16. 28
17. 51
18. 67
19. 13
20. 62
21. 36
22. 75

75쪽

23. 5명
24. 26개
25. 37개
26. 32번
27. 44개

07 일차　4. 받아내림이 없는 (몇십몇)-(몇십몇)

76쪽

1 41	**6** 30	**12** 37
2 45	**7** 48	**13** 13
3 51	**8** 53	**14** 5
4 6	**9** 23	**15** 10
5 33	**10** 71	**16** 27
	11 62	**17** 31

77쪽

18 36	**24** 52	**31** 62
19 80	**25** 5	**32** 74
20 45	**26** 22	**33** 15
21 5	**27** 51	**34** 26
22 43	**28** 28	**35** 7
23 73	**29** 60	**36** 44
	30 42	**37** 53

08 일차　4. 받아내림이 없는 (몇십몇)-(몇십몇)

78쪽

1 34	**8** 34	**15** 57
2 24	**9** 11	**16** 43
3 27	**10** 42	**17** 61
4 32	**11** 60	**18** 85
5 20	**12** 53	**19** 36
6 71	**13** 12	**20** 14
7 13	**14** 33	**21** 8
		22 22

79쪽

23 12명
24 34개
25 23마리
26 40쪽
27 75개

09 일차　5. 그림을 보고 뺄셈하기

80쪽

1 24	**4** 15
2 12	**5** 20
3 10	**6** 13
	7 11
	8 7

81쪽

9 22, 23	**13** 37, 15
10 26, 12	**14** 47, 36
11 10, 14	**15** 36, 22
12 24, 35	**16** 58, 44

5. 그림을 보고 뺄셈하기

82쪽

1. 30
2. 5
3. 27
4. 31
5. 14, 14

6. 21, 12
7. 24, 11
8. 36, 16
9. 16, 33
10. 18, 1

83쪽

11. 46명
12. 25개
13. 3마리
14. 10병
15. 11마리

6. 여러 가지 방법으로 뺄셈하기

84쪽

1. 52 / 50, 2 / 52
2. 13 / 10, 3 / 13
3. 31 / 30, 1 / 31
4. 45 / 40, 5 / 45

5. 54 / 50, 4 / 54
6. 40 / 40, 0 / 40
7. 25 / 20, 5 / 25
8. 76 / 70, 6 / 76
9. 22 / 20, 2 / 22

85쪽

10. 41 / 4. 20 / 61 / 41
11. 12 / 5, 10 / 22 / 12
12. 52 / 2, 20 / 72 / 52
13. 25 / 3, 40 / 65 / 25

14. 21 / 40, 2 / 23 / 21
15. 50 / 30, 6 / 56 / 50
16. 66 / 30, 1 / 67 / 66
17. 73 / 10, 3 / 76 / 73

6. 여러 가지 방법으로 뺄셈하기

86쪽

1. 7, 30 / 4 / 14
2. 7, 50 / 1 / 21
3. 60, 4 / 40 / 44
4. 50, 3 / 30 / 32
5. 5 / 93 / 23
6. 2 / 82 / 52

7. 3 / 35 / 5
8. 4 / 65 / 45
9. 20 / 61 / 60
10. 40 / 13 / 11
11. 20 / 79 / 73
12. 10 / 27 / 22

87쪽

13. 12개
14. 54번
15. 25대
16. 33권
17. 61송이

88쪽

1. 51
2. 64
3. 43
4. 92
5. 20
6. 50
7. 60
8. 10

9. 26
10. 24
11. 17
12. 48
13. 64
14. 31
15. 70
16. 2

17. 76
18. 26
19. 46
20. 61
21. 10
22. 50
23. 10
24. 30

89쪽

25. 14
26. 6
27. 17
28. 29
29. 10
30. 22
31. 63
32. 45

33. 12
34. 23
35. 24, 30
36. 37, 3

37. 70 / 50 / 51
38. 7 / 6 / 26
39. 2 / 16, 6
40. 3 / 76, 46
41. 40 / 57, 56
42. 50 / 34, 30

90쪽

43. 22개
44. 20자루
45. 14명
46. 23개
47. 10일
48. 55쪽

4. 시각

01일차   1. 몇 시인지 알아보기

92쪽

1   5

2   9

3   2

4   11

5   6

6   12

7   8

8   3

9   10

10   7

93쪽

11

12

13

14

15

16

17

18

19

20

21

22

02일차   1. 몇 시인지 알아보기

94쪽

1

2

3

4

5

6

7

8

9

10

11

12

95쪽

13   1시

14   6시

15   9시

16   12시

96쪽

1 4, 30
2 8, 30
3 5, 30
4 11, 30

5 3, 30
6 1, 30
7 7, 30
8 9, 30
9 12, 30
10 6, 30

97쪽

11
12
13
14
15
16

17
18
19
20
21
22

98쪽

1
2
3
4
5
6

7
8
9
10
11
12

99쪽

13 7시 30분
14 10시 30분
15 2시 30분
16 6시 30분

100쪽

1 8
2 5, 30
3 2, 30
4 11
5 4
6 12, 30

7 6, 30
8 7
9 10
10 3, 30
11 1
12 9, 30

101쪽

13

14

15

16

17

18

19 9
20 12, 30
21 8, 30
22 6
23 11, 30
24 3

102쪽

25 4시
26 8시
27 6시
28 4시 30분
29 1시 30분
30 9시 30분

5. 덧셈 (2)

01일차   1. 세 수의 덧셈 (1)

104쪽

1. 9 / 8 / 8, 9
2. 6 / 3 / 3, 6
3. 8 / 5 / 5, 8
4. 7 / 5 / 5, 7
5. 9 / 8 / 8, 9
6. 8 / 5 / 5, 8
7. 9 / 6 / 6, 9
8. 6 / 4 / 4, 6
9. 8 / 6 / 6, 8
10. 6 / 3 / 3, 6
11. 5 / 4 / 4, 5
12. 8 / 6 / 6, 8
13. 5 / 4 / 4, 5

105쪽

14. 9	20. 9	26. 9
15. 9	21. 6	27. 8
16. 6	22. 7	28. 5
17. 9	23. 9	29. 7
18. 7	24. 8	30. 8
19. 8	25. 9	31. 7

02일차   1. 세 수의 덧셈 (1)

106쪽

1. 9 / 7 / 7, 9
2. 3 / 2 / 2, 3
3. 9 / 8 / 8, 9
4. 8 / 3 / 3, 8
5. 5 / 3 / 3, 5
6. 4
7. 9
8. 9
9. 6
10. 7
11. 8
12. 9
13. 8
14. 9
15. 7
16. 9
17. 5
18. 6
19. 8

107쪽

20. 7자루
21. 6병
22. 9번
23. 7권
24. 6인분

03일차   2. 세 수의 덧셈 (2)

108쪽

1. 5 / 2 / 5
2. 4 / 3 / 4
3. 8 / 7 / 8
4. 8 / 2 / 8
5. 9 / 4 / 9
6. 8 / 7 / 8
7. 5 / 4 / 5
8. 8 / 7 / 8
9. 7 / 3 / 7
10. 9 / 7 / 9
11. 8 / 6 / 8
12. 9 / 8 / 9
13. 7 / 2 / 7

109쪽

14. 6	20. 8	26. 8
15. 7	21. 4	27. 9
16. 9	22. 9	28. 5
17. 9	23. 6	29. 6
18. 9	24. 9	30. 7
19. 8	25. 5	31. 8

2. 세 수의 덧셈 (2)

110쪽

1 7
2 9
3 5
4 8
5 9
6 8

7 9
8 6
9 7
10 8
11 9
12 6

111쪽

13 6조각
14 8개
15 7골
16 4개
17 9개

3. 두 수를 더하기

112쪽

1 8, 9, 10, 11 / 11
2 15
3 13
4 11
5 14

6 12
7 14
8 13
9 11
10 14
11 16

113쪽

12 17
13 13
14 14
15 15

16 12
17 15
18 11
19 12

3. 두 수를 더하기

114쪽

1 12 / 12
2 11 / 11
3 11 / 11
4 11 / 11
5 14 / 14
6 13 / 13

7 15 / 15
8 12 / 12
9 16 / 16
10 13 / 13
11 17 / 17
12 15 / 15

115쪽

13 15개
14 13개
15 14마리
16 12개
17 15점

4. 10이 되는 더하기

1 3	6 3
2 2	7 1
3 6	8 6
4 5	9 2
5 1	10 7
	11 5

12 2	18 9	24 5
13 1	19 7	25 4
14 6	20 3	26 7
15 8	21 9	27 8
16 5	22 6	28 3
17 4	23 2	29 1

4. 10이 되는 더하기

1 / 2
2 / 5
3 / 7
4 / 4
5 / 1
6 / 8

7 2	14 7
8 4	15 1
9 3	16 8
10 9	17 8
11 4	18 6
12 3	19 1
13 6	20 5

21 3권
22 6개
23 2자루
24 5명
25 8마리

5. 10을 만들어 더하기

1 15 / 10 / 15	4 14 / 10 / 14	9 12 / 10 / 12
2 16 / 10 / 16	5 19 / 10 / 19	10 14 / 10 / 14
3 17 / 10 / 17	6 18 / 10 / 18	11 15 / 10 / 15
	7 13 / 10 / 13	12 18 / 10 / 18
	8 19 / 10 / 19	13 16 / 10 / 16

14 14	20 15	26 11
15 11	21 12	27 17
16 16	22 18	28 19
17 19	23 17	29 15
18 12	24 14	30 12
19 13	25 16	31 18

10 일차 5. 10을 만들어 더하기

122쪽

1. 13
2. 17
3. 15
4. 14
5. 12
6. 16
7. 18
8. 17
9. 14
10. 13
11. 16
12. 15

123쪽

13. 15송이
14. 17개
15. 18개
16. 14장
17. 12자루

11 일차 연산 & 문장제 마무리

124쪽

1. 8
2. 5
3. 6
4. 7
5. 6
6. 9
7. 8
8. 4
9. 8
10. 9
11. 5
12. 8
13. 7
14. 9
15. 14
16. 13
17. 17
18. 14
19. 11
20. 15

125쪽

21. 3
22. 6
23. 8
24. 1
25. 7
26. 4
27. 5
28. 15
29. 14
30. 12
31. 18
32. 17
33. 13
34. 16
35. 13
36. 15
37. 17
38. 11
39. 15
40. 19
41. 16

126쪽

42. 9병
43. 5권
44. 13개
45. 4마리
46. 19개
47. 15점

6. 뺄셈 (2)

01일차   1. 세 수의 뺄셈 (1)

128쪽

1 2 / 7 / 7, 2
2 1 / 3 / 3, 1
3 4 / 7 / 7, 4
4 4 / 5 / 5, 4
5 1 / 2 / 2, 1
6 3 / 6 / 6, 3
7 2 / 4 / 4, 2
8 5 / 6 / 6, 5
9 5 / 6 / 6, 5
10 2 / 3 / 3, 2
11 6 / 7 / 7, 6
12 2 / 4 / 4, 2
13 3 / 6 / 6, 3

129쪽

14 1
15 1
16 6
17 2
18 3
19 4
20 5
21 1
22 1
23 3
24 6
25 2
26 3
27 2
28 1
29 4
30 1
31 3

02일차   1. 세 수의 뺄셈 (1)

130쪽

1 4 / 5 / 5, 4
2 5 / 7 / 7, 5
3 1 / 6 / 6, 1
4 3 / 4 / 4, 3
5 4 / 8 / 8, 4
6 1
7 5
8 1
9 3
10 4
11 2
12 5
13 3
14 3
15 2
16 1
17 2
18 7
19 2

131쪽

20 5조각
21 2개
22 3장
23 1명
24 2개

03일차   2. 세 수의 뺄셈 (2)

132쪽

1 1 / 3 / 1
2 4 / 7 / 4
3 2 / 7 / 2
4 1 / 3 / 1
5 5 / 6 / 5
6 0 / 5 / 0
7 3 / 5 / 3
8 1 / 5 / 1
9 3 / 4 / 3
10 0 / 6 / 0
11 2 / 3 / 2
12 4 / 7 / 4
13 2 / 7 / 2

133쪽

14 5
15 1
16 2
17 6
18 3
19 4
20 1
21 2
22 0
23 2
24 4
25 1
26 1
27 5
28 1
29 0
30 2
31 0

134쪽

1. 3
2. 6
3. 5
4. 1
5. 0
6. 2

7. 0
8. 5
9. 4
10. 7
11. 1
12. 2

135쪽

13. 1번
14. 3권
15. 5개
16. 2개
17. 4개

136쪽

1. 8
2. 5
3. 4
4. 7

5. 4, 6
6. 1, 9
7. 8, 2
8. 3, 7
9. 7, 3

137쪽

10. 7
11. 4
12. 9
13. 8
14. 6
15. 1

16. 2
17. 5
18. 3
19. 8
20. 3
21. 1

22. 2
23. 6
24. 9
25. 4
26. 7
27. 5

138쪽

1. 6
2. 9
3. 3
4. 5, 5
5. 3, 7
6. 6, 4

7. 3
8. 4
9. 2
10. 1
11. 6
12. 7
13. 5

14. 1
15. 5
16. 3
17. 2
18. 9
19. 6
20. 8

139쪽

21. 1개
22. 8개
23. 3번
24. 6명
25. 5개

140쪽

1 6 / 7 / 7, 6
2 3 / 5 / 5, 3
3 1 / 4 / 4, 1
4 3 / 5 / 5, 3
5 0 / 2 / 2, 0

6 2 / 5 / 2
7 4 / 5 / 4
8 3 / 7 / 3
9 0 / 2 / 0
10 2 / 3 / 2

11 1
12 2
13 4
14 1
15 2
16 0
17 2

141쪽

18 1
19 0
20 1
21 3
22 2
23 1
24 3

25 7
26 4
27 5
28 3, 7
29 1, 9
30 8, 2

31 7
32 9
33 2
34 6
35 5
36 3
37 4

142쪽

38 3명
39 1개
40 2장
41 1개
42 7장
43 8번

7. 덧셈 (3)

01일차　1. 10을 이용하여 모으기와 가르기

144쪽

1 16 / 16, 6
2 13 / 13, 3
3 17 / 17, 7
4 14 / 14, 4

145쪽

5 12 / 12, 2
6 11 / 11, 1
7 15 / 15, 5
8 13 / 13, 3
9 16 / 16, 6
10 14 / 14, 4

02일차　1. 10을 이용하여 모으기와 가르기

146쪽

1 12 / 12, 2
2 13 / 13, 3
3 17 / 17, 7
4 13 / 13, 3
5 16 / 16, 6
6 11 / 11, 1
7 15 / 15, 5
8 14 / 14, 4
9 12 / 12, 2
10 15 / 15, 5
11 14 / 14, 4
12 11 / 11, 1

147쪽

13 4개
14 1개
15 6개

03일차　2. (몇)+(몇)=(십몇) (1)

148쪽

1 16
2 12
3 14
4 14 / 5
5 17 / 2
6 13 / 3

149쪽

7 15
8 13
9 12
10 11
11 13
12 11
13 13 / 2
14 15 / 4
15 18 / 1
16 16 / 2
17 16 / 3
18 17 / 1
19 12 / 3, 2
20 12 / 1, 2
21 11 / 2, 1
22 12 / 7, 2
23 11 / 3, 1
24 12 / 4, 2

2. (몇)+(몇)=(십몇) (1)

150쪽

1 14	8 11	15 15	
2 11	9 12	16 15	
3 16	10 12	17 13	
4 13	11 11	18 12	
5 14	12 16	19 16	
6 17	13 18	20 12	
7 14	14 11	21 13	

151쪽

22 13개
23 14권
24 12그릇
25 17개

3. (몇)+(몇)=(십몇) (2)

152쪽

1 12	4 13 / 5
2 11	5 12 / 4
3 17	6 13 / 3

153쪽

7 15	13 12 / 6	19 15 / 5, 2
8 11	14 14 / 3	20 13 / 3, 2
9 16	15 15 / 4	21 18 / 8, 1
10 11	16 13 / 1	22 11 / 1, 7
11 12	17 14 / 4	23 13 / 3, 4
12 14	18 16 / 2	24 11 / 1, 6

3. (몇)+(몇)=(십몇) (2)

154쪽

1 13	8 12	15 13
2 14	9 11	16 15
3 11	10 18	17 11
4 14	11 12	18 12
5 13	12 14	19 15
6 16	13 17	20 13
7 12	14 15	21 13

155쪽

22 14개
23 11시간
24 15골
25 12장

4. (몇)+(몇)=(십몇) (3)

156쪽

1 11 / 12 / 13
2 16 / 17 / 18
3 13 / 14 / 15

4 16 / 15 / 14
5 15 / 14 / 13
6 11 / 12 / 13
7 15 / 16 / 17
8 16 / 15 / 14

9 13 / 12 / 11
10 13 / 12 / 11
11 14 / 14 / 14
12 12 / 12 / 12
13 15 / 15 / 15

157쪽

14 12 / 12
15 14 / 14
16 11 / 11
17 14 / 14
18 15 / 15
19 13 / 13

20 17 / 17
21 15 / 15
22 11 / 11
23 13 / 13
24 16 / 16
25 12 / 12

26 13 / 13
27 11 / 11
28 12 / 12
29 15 / 15
30 11 / 11
31 14 / 14

4. (몇)+(몇)=(십몇) (3)

158쪽

1 15
2 11
3 15
4 17
5 14
6 15

7 13
8 12
9 13
10 11
11 12
12 16

13 12
14 13
15 14
16 12
17 12
18 11

159쪽

19 16명
20 12경기
21 14명
22 13명
23 15개

160쪽

1 13 / 13, 3
2 12 / 12, 2
3 13 / 13, 3
4 15 / 15, 5
5 11 / 11, 1
6 16 / 16, 6

7 11 / 7
8 15 / 1
9 14 / 3
10 14 / 5, 4
11 11 / 4, 1
12 12 / 6, 2

161쪽

13 11 / 1
14 14 / 2
15 12 / 5
16 17 / 1
17 11 / 4
18 12 / 4

19 12 / 13 / 14
20 13 / 12 / 11
21 12 / 13 / 14
22 17 / 16 / 15
23 13 / 13
24 13 / 13

25 13
26 12
27 16
28 15
29 14
30 12
31 13

162쪽

32 5마리
33 12번
34 14컵
35 16켤레
36 11시간
37 13개

8. 뺄셈 (3)

01일차   1. (십몇)−(몇)=(몇) (1)

164쪽

1. 8
2. 9
3. 5
4. 9 / 1
5. 6 / 3
6. 7 / 5

165쪽

7. 7
8. 9
9. 7
10. 6
11. 8
12. 6
13. 9 / 6
14. 5 / 3
15. 8 / 1
16. 9 / 5
17. 7 / 3
18. 3 / 2
19. 8 / 4, 2
20. 2 / 1, 8
21. 4 / 3, 6
22. 8 / 7, 2
23. 6 / 5, 4
24. 4 / 1, 6

02일차   1. (십몇)−(몇)=(몇) (1)

166쪽

1. 7
2. 9
3. 8
4. 6
5. 6
6. 8
7. 7
8. 6
9. 8
10. 9
11. 5
12. 3
13. 9
14. 9
15. 7
16. 4
17. 9
18. 5
19. 5
20. 5
21. 7

167쪽

22. 9개
23. 6개
24. 4명
25. 7개

03일차   2. (십몇)−(몇)=(몇) (2)

168쪽

1. 3
2. 9
3. 6
4. 8 / 3
5. 7 / 1
6. 5 / 2

169쪽

7. 8
8. 3
9. 7
10. 9
11. 4
12. 5
13. 9 / 3
14. 9 / 2
15. 9 / 7
16. 2 / 1
17. 8 / 4
18. 8 / 6
19. 5 / 10, 1
20. 5 / 10, 3
21. 9 / 10, 8
22. 6 / 10, 3
23. 7 / 10, 2
24. 8 / 10, 7

04일차　2. (십몇)−(몇)=(몇) (2)

170쪽

1 6	8 8	15 9
2 8	9 5	16 3
3 8	10 7	17 6
4 9	11 9	18 6
5 7	12 6	19 7
6 5	13 9	20 9
7 8	14 4	21 4

171쪽

22 3명
23 5개
24 6권
25 8명

05일차　3. (십몇)−(몇)=(몇) (3)

172쪽

1 9 / 8 / 7	4 3 / 4 / 5	9 8 / 7 / 6
2 9 / 8 / 7	5 7 / 8 / 9	10 4 / 3 / 2
3 7 / 6 / 5	6 7 / 8 / 9	11 6 / 6 / 6
	7 7 / 8 / 9	12 8 / 8 / 8
	8 5 / 6 / 7	13 5 / 5 / 5

173쪽

14 7 / 5	20 3 / 9	26 6 / 7
15 9 / 5	21 5 / 8	27 7 / 9
16 5 / 6	22 8 / 3	28 8 / 6
17 8 / 7	23 4 / 7	29 2 / 9
18 9 / 7	24 9 / 6	30 8 / 4
19 9 / 4	25 9 / 8	31 5 / 9

06일차　3. (십몇)−(몇)=(몇) (3)

174쪽

1 8	7 4	13 9
2 6	8 9	14 7
3 9	9 7	15 8
4 4	10 5	16 7
5 9	11 8	17 6
6 8	12 7	18 6

175쪽

19 7명
20 6대
21 9마리
22 5장
23 8개

176쪽

1 5 / 1
2 7 / 5
3 6 / 3
4 7 / 2
5 5 / 4
6 9 / 3

7 8 / 5, 2
8 9 / 8, 1
9 4 / 2, 6
10 8 / 6, 2
11 7 / 4, 3
12 3 / 1, 7

13 5 / 2
14 4 / 3
15 8 / 1
16 9 / 6
17 6 / 4
18 9 / 5

178쪽

38 7묶음
39 4명
40 8대
41 6팀
42 9명
43 7개

177쪽

19 6 / 10, 5
20 7 / 10, 3
21 6 / 10, 2
22 4 / 10, 1
23 9 / 10, 1
24 8 / 10, 2

25 7
26 5
27 8
28 2
29 9
30 8
31 9

32 6
33 7
34 8
35 3
36 6
37 9

연산 노트

연산 노트

연산 노트

연산 노트

연산 노트

풍산자
연산

초등 수학 1·2